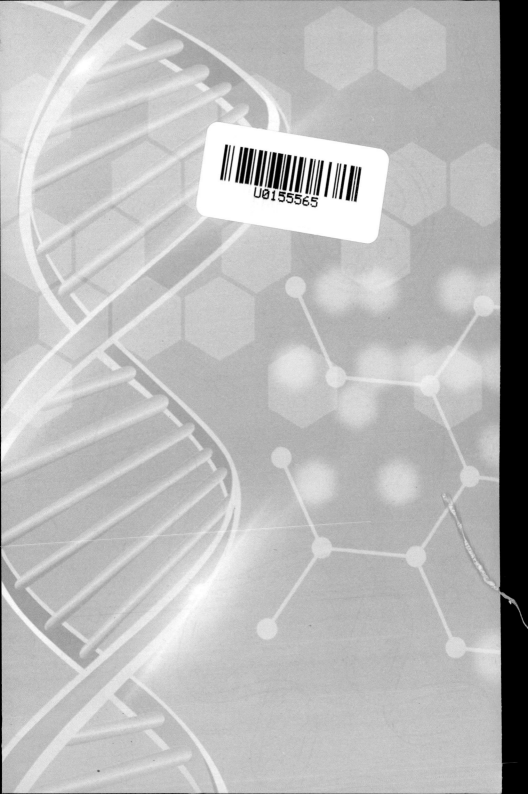

U0155565

·写给孩子的·

生命简史

林 枫 编著

江西美术出版社
全国百佳出版单位

图书在版编目（CIP）数据

写给孩子的生命简史 / 林枫编著 . -- 南昌：江西美术出版社，2021.12

ISBN 978-7-5480-8397-9

I.①写… II.①林… III.①生物－进化－青少年读物 IV.① Q11-49

中国版本图书馆 CIP 数据核字（2021）第 139935 号

出品人：周建森

企　　划：北京江美长风文化传播有限公司

责任编辑：楚天顺　朱鲁巍　　策划编辑：朱鲁巍

责任印制：谭　勋　　　　　　封面设计：韩　立

写给孩子的生命简史

XIE GEI HAIZI DE SHENGMING JIANSHI

林　枫　编著

出　　版：江西美术出版社

地　　址：江西省南昌市子安路 66 号

网　　址：www.jxfinearts.com

电子信箱：jxms163@163.com

电　　话：010-82093785　　0791-86566274

发　　行：010-58815874

邮　　编：330025

经　　销：全国新华书店

印　　刷：北京市松源印刷有限公司

版　　次：2021 年 12 月第 1 版

印　　次：2021 年 12 月第 1 次印刷

开　　本：880mm × 1230mm　1/32

印　　张：4

ISBN 978-7-5480-8397-9

定　　价：29.80 元

前言
PREFACE

孩子总是会好奇自己从哪里来，抓住了孩子的好奇心，就抓住了科普教育的最好角度。科学不是冰冷的知识，对生命奥秘的探索能帮助孩子更充分、深入地了解生命之美。

人类文明发展的历程总是闪耀着科学的光芒。科学，无时无刻不在影响并改变着我们的生活，而科学精神也成为"中国学生发展核心素养"之一。因此，在科学的世界里，满足孩子们强烈的求知欲望，引导他们的好奇心，进而培养他们的思维能力和探究意识，是十分必要的。

这是一本通俗易懂、引人入胜而又让人受益无穷的科普通识读物，从"生命从哪儿来"切入，或微细的角度，或宏大的视角，带领孩子探究初始生命的真相，就像大揭秘一般，将细胞、基因、遗传、人体结构等内容精彩呈现在孩子面前。书中使用了大量珍贵的精美图片，把科学严谨的知识学习植入一个个恰到好处的美妙场景，能让孩子对生命科学产生浓厚的兴趣，并养成探究问题的习惯。

生命进化的过程是非常漫长的，如果把整个生命进化史看作一天的话，人类只占有其中几分钟的时间。那么，在漫长的生命史中，究竟发生了什么呢？最初的生命形式是如何诞生的？生命是如何从单细胞生物一步步进化到人类的？人类到底是从哪里来的？……翻开这本书，让孩子带着好奇心，开始一段不可思议的探索之旅，在阅读过程中从细节感知生命的奥秘，成为生命"从无到有"的亲历者。

更可贵的是，这本书还在潜移默化中塑造了孩子的生命观。读完这本书，孩子会知道，我们为什么要知道进化过程？消失的古生物和我们有什么关系？而这些问题的答案背后，就藏着孩子对生命更深刻的理解。这不仅有助于拓展孩子的视野，完善思维模式，还有助于他们对生命产生敬畏感，对他们的未来发展有积极的引导作用。

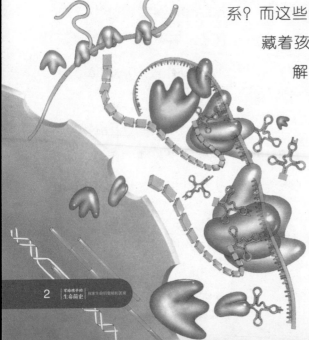

目 录
CONTENTS

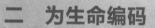
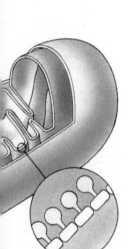

时间轴

克勒芬的色诺芬尼在西西里岛
发现鱼类化石(公元前 500 年)。

比利时解剖学家安德雷亚斯·维萨里通过
解剖和严谨的观察,描述人类解剖学。作
为科学方法的早期例子,这推动了随后比
较解剖学和古生物学的发展(1543 年)。

德国哲学家戈特弗里德·莱布
尼茨提出连续性法则,即自然
被看作正在缓慢而持续地改变,
并非突然变化(1712 年)。

英国经济学家兼牧师托马斯·
马尔萨斯出版了《人口论》,
书中指出饥荒、疾病和战争是
对人口爆炸性增长的必要阻
碍。查尔斯·达尔文不久后阅
读此书受启发,发现自然界有
类似的选择性过程(1798 年)。

| 古生物学 |
| 生命进化 |
| 遗传学及遗传 |
| 分子生物学 |
| 遗传工程 |

公元元年　　　　　1700

神圣罗马帝国皇帝弗雷德里克二
世著述了《猎鹰训练术》,详细描
述了鸟类的生活及对其的研究。
他热衷于精确观察,这是早期科
学方法中所罕见的(1220 年)。

古希腊医生希波克拉底提出遗传理论,
即"种子物质"从身体的所有部位输送
到生殖器官(公元前 420 年)。

苏格兰地质学家詹姆斯·赫顿提
出,地球的年龄无限大,由极强
力的缓慢作用塑型,而非由洪水
那样的突然性大灾难改变外观。
这种渐变理论成为达尔文学说的
一个重要方面(1788 年)。

法国博物学家乔治·居维叶死于巴黎的霍乱。他的"更深地层的化石要老于较浅表地层"的认知确立了他古生物学奠基者的地位（1812 年）。

始祖鸟被带到伦敦，这是一个结合了鸟类和爬行动物特征的化石，成为著名的"第一只鸟"（1863 年）。

查尔斯·罗伯特·达尔文用自然选择来描述其进化理论的《物种起源》一书出版（1859 年）。

德国生物学家奥古斯特·魏斯曼声称所有遗传物质都包含在细胞核内。他认为遗传是这种物质代代相传形成的（1883 年）。

古生物学

生命进化

遗传学及遗传

分子生物学

遗传工程

1850

在细胞中发现了染色体（1870 年）。

英格兰解剖学家理查德·欧文提出"恐龙"一词，指代一类新近发现的爬行类动物化石（1842 年）。

瑞士科学家弗雷德里希·米歇尔在细胞核中发现了非蛋白质物质。他称之为"核素"（1869 年）。

法国生物学家让·巴蒂斯特·拉马克提出了关于进化的第一套完整理论，称新物种起源于自然过程，并称人类有猿类祖先。拉马克提出，对器官的使用与否直接引起遗传变化，这一观点对之后 125 年间的进化思想产生了重要影响（1809 年）。

澳大利亚古生物学家雷蒙德·达特在新发现的灵长类化石颅骨中发现原始人类特征。他将该颅骨定名为南方古猿头骨，这是一种可以回溯到100万年前的两足原始人类，这标志着现代古人类学的诞生（1924年）。

奥地利裔英国生物化学家马克斯·费迪南·佩鲁茨揭示血红蛋白的结构（1960年）。

费舍尔、霍尔丹和赖特将自然选择的达尔文学说和新遗传学统一起来，由此新达尔文主义诞生了（1937年）。

美国人 S. 蒙斯福尔宣称：所有形式的癌症都是由于细胞中DNA变异所形成（1961年）。

1950

美国生物化学家詹姆斯·沃特森和英国分子生物学家弗朗西斯·克里克揭示了DNA结构（1953年）。

第一次开发出对胎儿遗传缺陷的检测（1966年）。

美国生物化学家奥斯瓦尔德·西奥多·艾弗里指出，细胞核DNA是遗传传递的原因（1944年）。

分子生物学家完成对遗传代码的破译（1965年）。

丹麦遗传学家 W. L. 约翰森为遗传单元创造了"基因"一词（1909年）。

人类基因组计划在华盛顿启动，其目标是绘制人类 DNA 的完整序列图谱（1988 年）。

在埃塞俄比亚发现南方古猿阿法种，这是已知的人类的最早祖先，有 350 万年的历史，被命名为"露西"（1974 年）。

在埃塞俄比亚发现一种罕见的人类远古祖先化石碎片，属于生活在 440 万年前的前所未知的原始人类——根南方古猿（1924 年）。

杜兴肌营养不良症的相关基因在染色体上的位置被查清（1986 年）。

古生物学

生命进化

遗传学及遗传

分子生物学

遗传工程

1975

第一个重组 DNA，即病毒和细菌基因的混合体，在加利福尼亚的斯坦福大学由保罗·伯格成功创造（1971 年）。

英国科学家阿莱克·杰弗里斯开发出 DNA 指纹鉴定技术（1984 年）。

人类基因组计划的第一份草图由两个独立的科学家小组发表（2001 年）。

开发出带有人和鼠染色体的杂合细胞（1967 年）

编码生长素的老鼠基因被转移到老鼠 DNA 上，得到的转基因老鼠往往会长得更大（1982 年）。

一

生命的结构

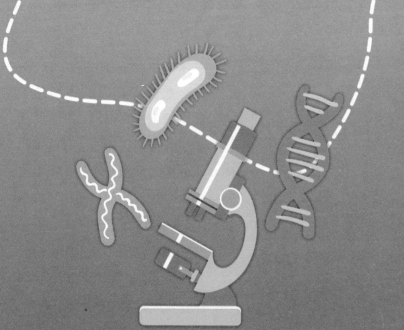

1 细胞

大部分生命体由一个或多个细胞构成。细胞能够自我维持和修复，并且往往也能繁殖。当今世界存在的每个细胞都由一个预先存在的细胞分裂而产生。

细胞是由薄膜（质膜）包围的一团生命物质，由各种脂类和蛋白质构成。这层膜构成生命物质和其环境之间的屏障，使得很多生命反应的进行不被环境中其他化学物质干扰。物质能通过质膜进出细胞，但细胞可在各方向上控制让哪些物质通过。

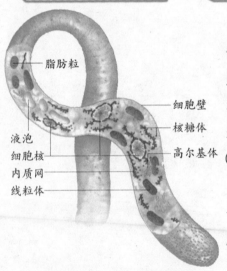

脂肪粒

细胞壁
核糖体
高尔基体

液泡
细胞核
内质网
线粒体

质膜表面上的识别分子使得细胞互相识别，并感受其周遭环境。它们能区分常规的和外来的细胞及物质，并接收来自身体其他部位的化学信号（激素）以做出反应。

细胞的大小差别很大，但一般大小的细胞肉眼不可见。细胞往往用微米（千分之一毫米）

↑真菌有真核细胞，但和大部分植物一样，它们没有中心体。很多真菌丝(菌丝体)由连续的细胞质构成，其中有多个细胞核。一些物种有临时的交叉壁。物质通过细胞质的流动被携带着围绕菌丝体。真菌细胞壁由纤维素和几丁质（一种无脊椎动物中常见的物质）混合构成。

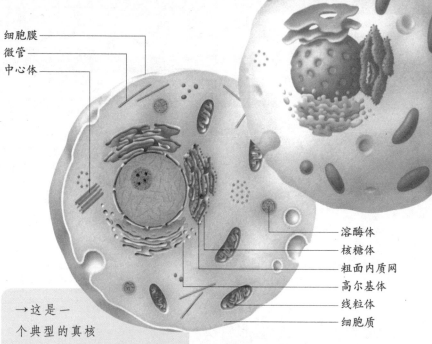

细胞膜
微管
中心体

溶酶体
核糖体
粗面内质网
高尔基体
线粒体
细胞质

→这是一
个典型的真核
细胞，包含了多种细胞器，
如细胞核，容纳细胞的 DNA
（遗传指令）并控制细胞器的
活动；线粒体，能量释放的场
所；中心体，细胞分裂时帮助
控制 DNA 的分布。缺少刚性
细胞壁意味着细胞的形状取决
于其周围环境的压力。

来测量。大部分细胞的直径为
10 微米—30 微米。但新受精的
鸟卵、青蛙卵、鱼卵和特定大
型藻类细胞，能大到肉眼可见。
大部分细胞的大小受限于物质
跨细胞传输的需要。细胞越大，

扩散路径越长，传输效率越低。

　　尽管生命体之间差异巨
大，构成它们的细胞却有着大
量共性。细胞主要有两大类，
简单的一类，如细菌和古生菌，
有单层膜包覆的隔间——原核
细胞。原核细胞细胞质中没有
明显的结构或组分，胶体物质
被包裹在质膜中。所有其他生
物体有真核细胞，这些细胞包
括大量特化的、覆有膜的组分，
称为细胞器，其中之一——细
胞核——包含遗传物质。细胞

↓→植物细胞（下图）的细胞壁赋予了其一个确定的形状。很多植物细胞包含被称为叶绿体的细胞器，光合作用就发生在其中。成熟的植物细胞有单个的大中心液泡（充满液体的膜囊）。液泡中液体的压力扩张细胞壁，直到其变得坚硬——小型植物中，这是唯一的支撑方法。右边是洋葱细胞的显微照片，显示出小的细胞核，以及细胞坚硬、有棱角的形状。

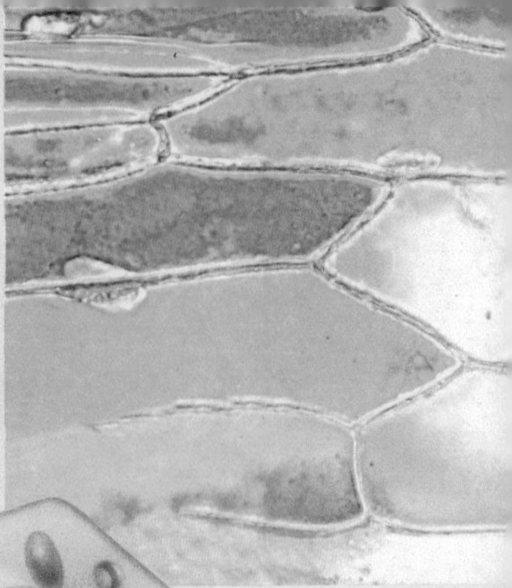

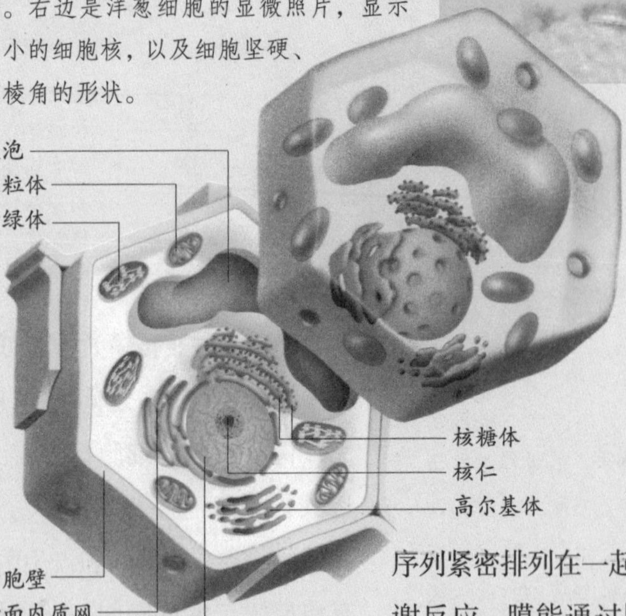

液泡
线粒体
叶绿体

核糖体
核仁
高尔基体

细胞壁
滑面内质网
细胞核

器创造出细胞中的一系列微环境，某些反应序列得以在其中以最大效率进行。

细胞器进一步增加了细胞中膜的面积。很多反应在膜上进行。连续的反应物可以按正确序列紧密排列在一起，加速了代谢反应。膜能通过限制反应物进入细胞器或细胞的速率控制反应速率。潜在的有害废物能被膜包裹，和细胞其余部位隔离，并在需要的时候被摧毁。

膜是某种程度上的液体结构。内质网和高尔基体形成一个相互连接的膜系列、囊和囊

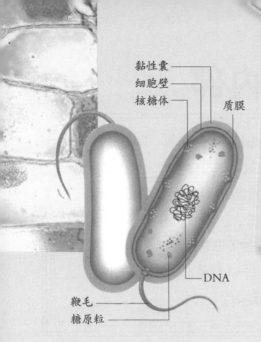

黏性囊
细胞壁
核糖体
质膜
DNA
鞭毛
糖原粒

←细菌是一种典型的原核细胞，缺乏动物细胞中可见的细胞器。DNA被限制在细胞质内的特定区域——类核中。核糖体散布在细胞质中，细胞壁赋予了细胞明确的形状。用于推进的鞭毛由相互连接的微丝的复杂排列构成。其他微小的丝（纤毛）用于识别并连接其他细胞。

泡，以及细胞器，为合成并包装很多细胞产物提供了一个受控制的环境。从系统中下来修剪的液泡将产物带到细胞的其他部位，或与质膜融合从而将内含物释放到细胞表面。

细胞内外有很多细小的由蛋白质构成的微管和微丝，微丝由弹性肌动蛋白构成，使细胞能移动及变形。微管由被称为微管蛋白的球蛋白组成。需要的时候，微管能分离并重聚。微管聚在新膜形成的地方，形成"架子"，在细胞分裂中控制遗传物质的分配。微管也参与细胞中囊泡的运动。

大多数细胞中最显著的细胞器是细胞核。细胞核包含了细胞的遗传物质——DNA（脱氧核糖核酸）。即便是在原核细胞中，DNA也存在于细胞中的特定区域，即类核中。细胞核是细胞的控制中心，所包含的指令不仅用于相似细胞的形成，还有整个生物体的产生。当细胞需要某种物质时，DNA上相关部分的副本会产生，并传递到细胞质中，作为合成的模板。

2 细胞核内部

细胞核是动物细胞和植物细胞的控制中枢。所有细胞中细胞核的结合活动决定了一个生物体的总体形状、大小和行为。细胞核以 DNA 长分子的形式包含遗传蓝图，每个细胞核都包含用于产生整个生物体的整套指令。然而，任何一个细胞中只有部分 DNA 有活性——产生该种细胞并控制其活动的那部分。除了 DNA 之外，细胞核还含有一些分子，参与读取 DNA，以及将其指令带到细胞的其他部分。

被称为核膜的双层膜在细胞质和 DNA 间形成屏障，膜上的小孔允许信使分子越过，但将 DNA 留在核中。

细胞分裂时，必须将其 DNA 的完整副本传给每个子细胞。全部遗传指令被携带在几段 DNA 上，每一段都组织形成叫作染色体的结构。各物种都有特定数目的染色体，人类有 46 条、马有 64 条、果蝇有 8 条。一些植物的细胞核有超过 1000 条染色体。

人类细胞中，2 米长的 DNA 被装在直径仅为 0.01 毫米的细胞核中，这是在叫作组蛋白的小型蛋白的帮助下实现的。一些组蛋白如同线轴，缠绕上一小段 DNA。每一个称为核小体的线轴上，有两圈 DNA 螺旋，围绕一个有 8 个组蛋白分子的核心。展开一段卷着核小体的 DNA 线，其在显微镜下呈现串珠状外观。然而，这些线往往卷曲成紧密的螺旋，螺旋又形成环并被其他蛋白"脚手架"稳定化。

大部分真核细胞包括两份遗传指令副本——其染色体成对出现。一对染色体中的成员称为同源染色体，含有相似的DNA分子。每对染色体都有特定长度。染色体对中的一条继

↓细胞核中含有遗传物质（DNA被包在组蛋白中），这张人类白细胞的细胞核在电子显微照片中被标上了红色。这张图片摄于细胞核刚刚分裂之前，当混乱缠卷的DNA线和蛋白质正在缩聚成紧密卷曲的时候，形成中的致密物体阻挡了显微镜的电子束，在图中形成暗区（标红处）。

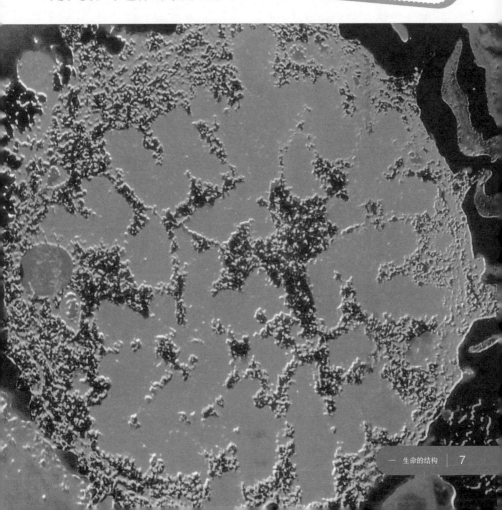

承自生物体的母方，另一条来自生物体的父方。为了描述一个物种的染色体数量、大小和形态，即其染色体组型，细胞分裂中散布开的缩聚染色体被"摄影"。然后个体染色体图像被切出，按照长度递增成对排列。

这时可能会剩下两个不匹配染色体。它们包含了产生性别特征及控制性行为的指令。很多物种有两种性别染色体，大的称为X，小的称为Y。生物体的性别取决于继承了这些染色体中的哪一些。一个细胞可能含有两条X、一条X和一条Y，或者仅有一条X或Y。人类女性的细胞含有两个X染色体，男性的细胞含有一个X和一个Y。所有其他非性别染色体称为常染色体。

细胞核中的具体结构

一个双层膜分隔开细胞核的内部物质和细胞其余部分，创造出一个遗传物质（DNA）能够为细胞活动产生指令的特殊环境。核膜上的小孔允许信使分子（mRNA）向细胞质中的核糖体穿出，在那里它们指引蛋白质合成。DNA是染色体形式：由特殊组蛋白环绕的DNA长螺旋。这些DNA的特定段（基因）包含了合成特定蛋白质或核酸的指令。核膜的外部和内质网相连——部分内质网上覆盖有核糖体。

→染色体上的DNA被叫作组蛋白的蛋白质核心围绕，组蛋白尾被认为和遗传调节分子相互作用。当一个基因活跃时，染色体不卷曲，一些组蛋白脱落。接着酶以暴露的DNA作为模板，产生信使分子（mRNA）——信使分子去往合成反应的位点。DNA本身太大，无法穿越核膜；即便它能够穿越，也很可能会被细胞质中的化学物质摧毁。

写给孩子的生命简史 探索生命的奥秘和答案

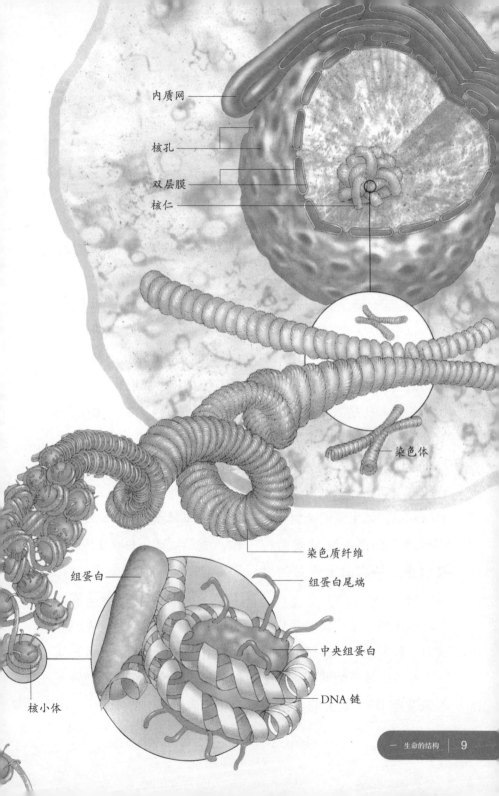

内质网

核孔

双层膜

核仁

染色体

染色质纤维

组蛋白

组蛋白尾端

中央组蛋白

DNA 链

核小体

3 DNA 复制

DNA 不是特别复杂的分子，却拥有特定物种的全部遗传信息。这些信息的形式是细胞可"读取"的密码，用于产生组成细胞结构、控制其活动的化学物质。沿 DNA 分子排列的核苷酸碱基就作为密码，序列中的某个错误可能就会阻碍攸关细胞存亡的化学物质合成。因此，在细胞分裂时产生 DNA 的精确副本并传给每个子细胞十分关键。

部分 DNA 含有决定 DNA 何时开始复制的编码。DNA 复制通过一系列特定蛋白分子控制。其中一些是酶——作为生物催化剂的蛋白质，帮助加速反应。DNA 复制的钥匙藏在核苷酸碱基对中，碱基对通过弱氢键联结，如果氢键断裂，周围溶液中的匹配碱基就会被吸引来，与当前未成对的碱基配对。

细胞核中未连接的碱基形式为三磷酸盐——有三个磷酸基团连着的核苷酸碱基。当这些碱基和 DNA 链上的暴露碱基结合时，其中的一些磷酸在 DNA 聚合酶的作用下被移除，释放能量以形成连接碱基的新键。剩下的磷酸加入 DNA 的糖 – 磷酸"骨干"。

复制过程当中，随着保持 DNA 紧致螺旋的组蛋白解体，DNA 碱基暴露出来，导致双链 DNA 螺旋展开，并顺着其长度裂开。碱基配对合成新链时，单链作为模板。DNA 聚合酶将新核苷酸碱基连接到在单链上暴露着的碱基上，形成新的双链分子。解旋的能量来自另一个带三磷酸基团的分子——三磷酸腺苷（ATP）。真核细胞中（其 DNA 包含在细胞核内），解旋开始沿 DNA 分子的数个点，向两个方向扩散，直到新合成段最终连接起来。该过程产生的子 DNA 分子，每个都包含初始的亲本链之一和一条新合成链。这被称为半保留复制。

细胞核在 DNA 复制中已经有自己的纠错机制。识别酶探测扰乱 DNA 螺旋形状的损坏或错误插入的碱基。其他酶将之除去，DNA 聚合酶再将其用正确的碱基取代。平均而言，加入生长中的 DNA 链上的 10 亿个核苷酸只有 1 个能逃过错误纠正。

细菌有单个环状双链 DNA 分子。复制中，解旋开始于 DNA 的单个位点，并持续到两个新环状链完成。

细胞中还有核糖核酸（RNA），它比 DNA 小，单链，含有核糖——取代骨干中的脱氧核糖。RNA 有不同种类，包括：信使 RNA（mRNA），在细胞核中，将来自 DNA 的信

解开 DNA 螺旋的酶
组装 DNA 新链的酶

将短片段累加成链的酶

短 DNA 片段酶

→复制过程中，酶导致 DNA 分裂并解旋。其他酶组装碱基与糖及磷酸耦合碱基，将之连接以形成一条新链，使子 DNA 分子完整。一条新链朝向母分子的裂解点延伸，而另一条新链则由相反方向的短段构成。

息携带到细胞其他部位，以指导蛋白质合成；转运 RNA（tRNA），携带蛋白质的基础亚单元——氨基酸到蛋白质合成场所；核糖体 RNA（rRNA），指导蛋白质合成，占核糖体质量的一半以上。

→当一个 DNA 分子裂开时——复制进程中的一个步骤——从中间向下"解压"。连接碱基对的氢键断裂，留下的单个碱基和构成初始 DNA"楼梯"两侧的糖–磷酸链相连。新碱基连上旧的（仍然是胸腺嘧啶配腺嘌呤，胞嘧啶配乌嘌呤），形成两个完整的新 DNA 分子，和初始分子一致。

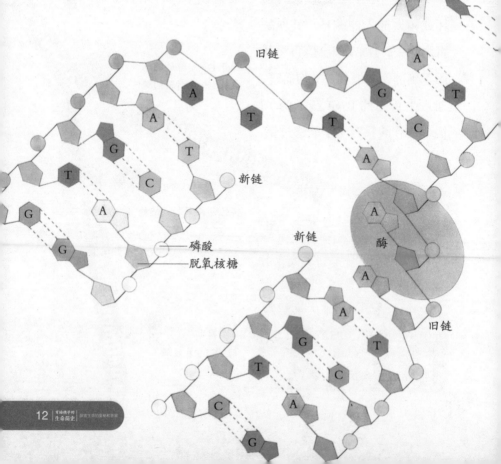

旧链

新链

磷酸
脱氧核糖

新链

酶

旧链

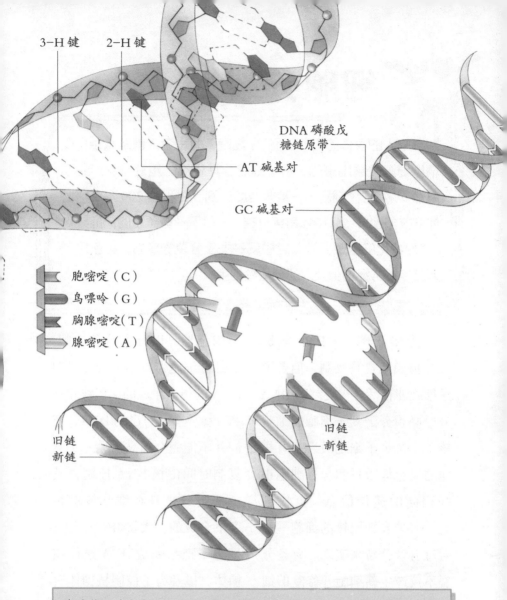

3-H 键   2-H 键

DNA 磷酸戊
糖链原带

AT 碱基对

GC 碱基对

胞嘧啶（C）
鸟嘌呤（G）
胸腺嘧啶（T）
腺嘧啶（A）

旧链
新链

旧链
新链

↑碱基配对的唯一性是 DNA 复制的关键。只有两组配对——胸腺嘧啶配腺嘌呤和胞嘧啶配鸟嘌呤——能够形成 DNA "扭曲楼梯" 结构的横档，因此能确保每个新的 DNA 子分子与母 DNA 完全一致。除两种碱基对之外，每个子分子还结合了来自初始母 DNA 分子的单条糖－磷酸链（构成阶梯的外边）。

4 细胞分裂

成人的身体约有65万亿个细胞，但每个人都是从单个受精卵细胞发展出来的。这个细胞及其后代的重复分裂产生了所有65万亿个细胞——某些速度达到了每秒钟200万个。身体的很多部分一生中都持续分裂——尽管有些类型的细胞分化（变为特化的细胞类型）之后就丧失了分裂的能力，这包括了人脑中的神经细胞及大部分植物细胞。

遗传蓝图——DNA能够十分精确地自我复制，但若要子细胞能存活，被复制的DNA分子必须分配到子细胞的细胞核中。每个子细胞最后都有相同的染色体数量和与母细胞正好相同的遗传信息。真核细胞——带有细胞核的细胞——通过有丝分裂来实现。有丝分裂不仅产生新细胞并修复旧细胞，在一些简单的生物中，它也用于无性繁殖，以产生完全相同的后代。

细胞分裂之前，它合成新的细胞器，以分配给子细胞。大部分细胞器都是由来自核内DNA的指令生成的，但线粒体和叶绿体有其自己的DNA，它们并不能完全独立活动——其复制时间由核DNA控制，其一些组分也是在细胞核的指令下合成的。大量RNA产生，是为了把指令从DNA送往核糖体，以及为了控制核糖体对蛋白质的合成。核仁由参与指导核糖体亚单元合成的部分染色体组成，由于DNA解旋以使其信息可读，此时核仁变得很突出。

一个细胞生命周期的各阶段称为细胞周期。细胞核分裂（或有丝分裂）只占据细胞生命中的很小一段。一旦有丝分裂启动，在很多细胞中，它都进行得很快，之后跟着发生细胞质分裂、子细胞分离的过程，称为胞质分裂。

有丝分裂包括已复制DNA的受控移动。复制之后，每个染色体由两条染色单体构成，每条染色单体都由已复制DNA和相关蛋白质组成。由核质中蛋白质微管装配成纺锤形的微管支撑架，导引染色体。

纺锤体的装配受控于被称为中心体的结构。中心体在分裂间期复制；分裂前期和中期，子中心体逐渐在细胞相对两侧上移开，形成纺锤体的两极。

连接染色单体对的中心体，含有被称为着丝点的特殊结构，其由蛋白质和一部分染色体DNA组成。着丝点则连接到

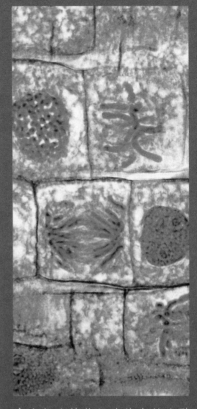

↑ 大部分植物细胞的有丝分裂中，没有中心体。由于细胞壁坚硬，细胞膜无法轻易向内收缩夹开两个细胞核。代替的是一个被称为细胞板的隔板，由微管和相关联的普通囊泡构成，在两个新的子核形成后，隔板开始将母细胞分裂开。新膜形成后，一个薄片层插在子核之间，纤维素随后沉积，形成子细胞的初级细胞壁。

纺锤体微管。有丝分裂过程中，着丝粒分裂，其着丝点中的"动力蛋白"开始将微管分解成亚单元，微管从而变短，新形成的染色体被拉往相反的两极。这保证了DNA在子核中平等地分配。最后，纺锤体分解，一层新核膜形成，包住集中在两极的染色体。细胞自身随后则分裂成两个。

动植物细胞的有丝分裂有所不同。例如，植物细胞没有中心体，而中心体曾被认为对纺锤体的组织十分重要；但植物细胞也形成纺锤体。动物细胞含有中心体，但如果将中心体移除，它也能形成纺锤体。

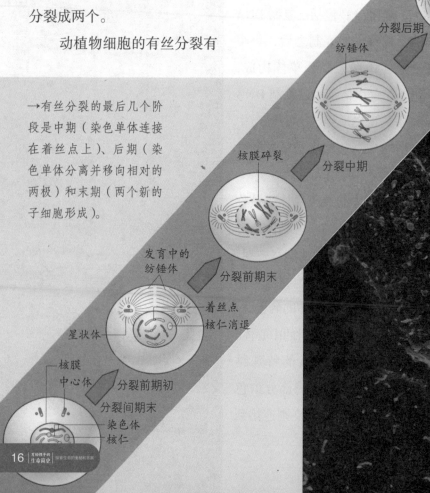

→有丝分裂的最后几个阶段是中期（染色单体连接在着丝点上）、后期（染色单体分离并移向相对的两极）和末期（两个新的子细胞形成）。

子染色体

纺锤体

分裂后期

核膜碎裂

分裂中期

发育中的纺锤体

分裂前期末

星状体

着丝点

核仁消退

核膜

中心体

分裂前期初

分裂间期末

染色体

核仁

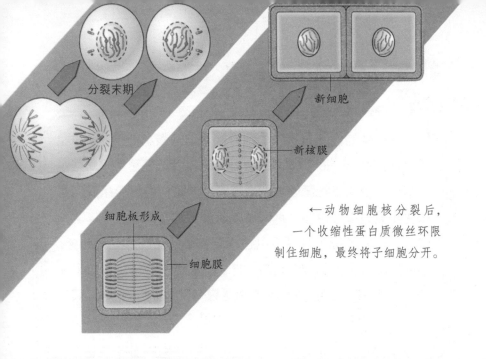

分裂末期

新细胞

新核膜

细胞板形成

细胞膜

←动物细胞核分裂后，一个收缩性蛋白质微丝环限制住细胞，最终将子细胞分开。

←动物细胞的有丝分裂有数个阶段，它开始于分裂间期——常被错误地称为"休息期"。分裂间期包括了生长、体积增加、细胞器及其他新细胞组分的合成。核仁指导核糖体亚单元的合成。分裂间期后期，每个染色体的 DNA 及组蛋白都开始复制。

下一个阶段——分裂前期中，染色体通过更致密的螺旋而变短（缩聚）为初始长度的 4%。它们在显微时被预染色，但未被染色。中心体移向细胞两极，短的微管从其中辐射出来，形成星状体。核仁所连接的染色单体缩聚，从而核仁体积减小。

5 细菌和病毒

一头牛的内脏里可能生活着数万亿的微小细菌——每个直径约数微米，而一捧泥土中能发现数百亿细菌。如此可观的数目，反映了细菌强大的增殖能力。它们的遗传系统比真核生物要有弹性得多。基因可以通过多种方式在生命体之间传递，一些情况下甚至可以在不同物种的生物体之间传递。细菌细胞没有明确的细胞核，它们的遗传指令包含在单个环状 DNA 分子中。它们的 DNA 总量只有真核细胞的 1/5，只包含数千个基因。

细菌也可能有其他遗传信息——以小环状 DNA 的形式存在，称为质粒，包含数个到数百个基因。一个细菌细胞可能含有多种质粒，每种多达 100 个副本。质粒可在主细菌 DNA 之外独立复制，并且有一些（被称为游离基因）能将自身插入细菌 DNA。质粒可在杂交时从一个细菌中转移到另一个细菌中，有时候还能在不同种的细菌间转移。它们也通过病毒传递。因此，质粒是遗传工程技术中的重要工具。

细菌没有染色体，但其环状 DNA 分子常被叫作细菌染色体。这个 DNA 复制时，会和内包的质膜连接。两个 DNA 的子分子完整时，分别和质膜连接，质膜伸展开，直到两个子分子远远分开。随后新的质膜和细胞壁在两者之间形成，确保每个细胞都接收一个细菌 DNA 副本。一些细菌中，分裂之后的

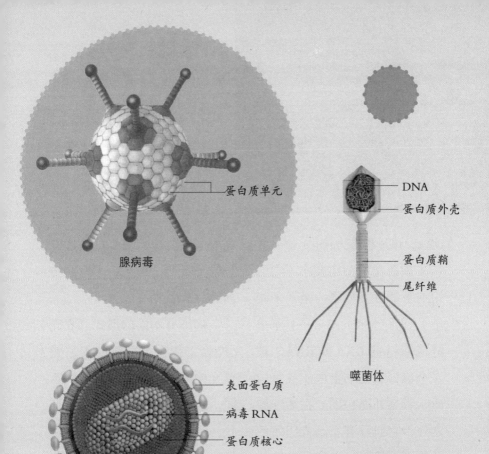

蛋白质单元

腺病毒

DNA
蛋白质外壳

蛋白质鞘
尾纤维

噬菌体

表面蛋白质
病毒RNA
蛋白质核心
外层脂类封套

HIV

↑病毒由蛋白质衣壳内的 DNA 或 RNA 构成。腺病毒中的 DNA 由微小的蛋白质单元包围。HIV，一种有着得自宿主的脂类壳的 RNA 病毒，其中有蛋白质，帮助其识别并与细胞相互作用。T4噬菌体有尾纤维，能支撑其在宿主表面。它通过一根收纳在蛋白质鞘中的"钉子"注入 DNA。

子细胞仍保持互相粘连，形成链状群。两个细胞的简单分裂叫作二分裂。细菌偶尔会进行有性生殖，从而交换遗传物质。它们能从环境溶液中取得

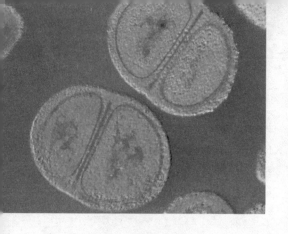

←大部分细菌，如人类黏液和皮肤上常见的葡萄球菌，通过二分裂（裂开为两个相同的子细胞）繁殖。细菌能繁殖得很快：半天之内，单个细菌能产生 10 亿个以上的后代。除非 DNA 复制时发生错误，否则每个子细胞都是亲代的精确副本。

DNA，该过程称为转化。

病毒比细菌还要小（它们用纳米即百万分之一微米来测量）。它们组成简单：一分子单链或双链的 DNA 或 RNA，被一个称为衣壳的蛋白质或蛋白质 – 脂类外壳包围。在活细胞之外，它们没有复制或任何活动能力。然而，当病毒的遗传物质进入宿主细胞，就立刻使得宿主细胞产生新的病毒。

病毒是很多疾病的元凶，这些疾病，包括水痘、HIV、流感、疣和癌症，还有千种以上的农作物疾病。它们能在空气或水中传播，很多可通过叮咬或吮吸型昆虫从一个宿主传到另一个宿主。

病毒有不同的形式。衣壳（外壳）往往由重复的蛋白亚单元构成，并且，和活细胞不同，它可以结晶化形成特定形状。一些被称为噬菌体的病毒只攻击细菌，它们对遗传工程而言也很重要。

比病毒更简单的是类病毒，其只有裸露的单链 RNA 分子，没有蛋白质外壳。类病毒导致植物中的特定破坏性疾病产生。

二

为生命编码

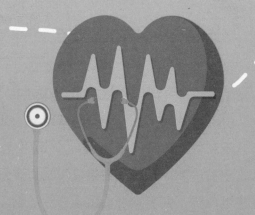

1 蛋白质和核酸

人体内的大约1万种蛋白质有着特殊作用。除了控制代谢反应率（甚至这些反应是否会发生）之外，蛋白质也调控物质穿越细胞膜等过程，作为细胞交流的信使，将食物分解为可被身体吸收的可溶产物，收缩和放松肌肉，携氧，代谢反应中运送电子，形成头发，指甲和骨骼，加强肌腱和韧带，为卵中的胚胎提供食物，在伤口上形成血液凝结的基本网状结构，包裹病毒的核酸，构成蛇毒和细菌毒素的活性成分，为身体抵御致病生物和有毒化学物质。

甚至更重要的，和染色体中DNA相关的蛋白质，能允许或阻止特定长度DNA的读取和执行。某些蛋白质和特定基因结合，阻止其指令被读取，或将其激活。这些蛋白质产生于所谓的调节基因。发育中的主要变化，如哺乳动物的青春期，或花的形成，都靠这些调节基因的活性来决定。

蛋白质由被称为多肽的氨基酸长链构成。氨基酸是一种小分子，由两个特定原子基团表征：一个氨基团——包括一个氮原子，连接着两个氢原子；一个羧酸基团——由一个碳原子连接一个氧原子和一个氢氧根组成。氨基酸分子的残余可能由碳原子链或环——连接着其他原子的多种侧链——组成。很多蛋白质含有100个以上的氨基酸。最大的蛋白质存在于病毒衣壳中，如烟草花叶病毒的衣壳，2130条多肽链中，有大约336500个氨基酸。

多肽链中氨基酸的特定序

列（蛋白质的初级结构）决定了蛋白质的结构。肽链能折叠成片状，或被扭曲成螺旋状（蛋白质的二级结构）。这些肽链又会通过多种方式被折叠（三级结构），并且两个或更多的多肽能连接在一起（四级结构），其中可能包裹其他原子，如铁或镁。多肽链的扭曲和折叠由多种化学键来稳定化。

蛋白质的形状对酶来说异常重要。酶是一种球状蛋白，有一个被称为活化位点的高度特定区域。每种酶催化一种特定化学反应。酶所作用的化学物质被称为底物。底物和酶的活性位点相配，并与之结合，以加速反应或引起反应发生。例如，在一次分解反应中，酶可能和底物结合，稍微改变形状，从而拉伸破坏掉维系底物的化学键。

在一次合成反应中，所要连接的两种底物分子，可能都被活性位点强烈吸引，因此比起它们在溶液中偶遇能更快地被带到一起。底物和活性位点的匹配，就如同一把钥匙配一

↘一位母亲正在给她的幼子喂食酸乳酪，为他补充蛋白质。蛋白质由20种氨基酸的各种组合构成，其中9种氨基酸无法由人体合成，必须从食物中的蛋白质获取。蛋白质是真正意义上的建造起身体。因此，它们堪称"适者生存"的最关键因素，是自然选择进化的基础。

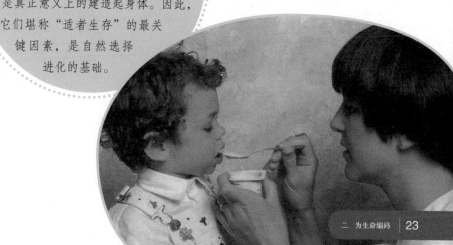

把锁，因此活性位点的大小、形状及其表面的电荷分布都至关重要。形成酶分子上该区域DNA指令的最微小改变都能导致酶失活，而酶分子上其他部位的改变未必能显著影响其功能。

　　DNA对蛋白质的编码主要通过其初级结构中氨基酸序列的特定化来完成。如果说DNA是遗传编码，氨基酸就是单词，而蛋白质就是信息。新学科——蛋白质组学，将蛋白质

和其各自的基因相联系，以了解身体如何运作，并设计战胜疾病的药物。

→细胞色素C是一种蛋白质，在呼吸作用时运送电子。中央的血红素基团（深红色）的铁原子从一个分子处获得电子，并将之传递给另一个分子。它的活性由其分子环境加强。所有蛋白质都由氨基酸折叠、扭曲成特定三维形状的链组成。亲水的氨基酸侧链（蓝色和紫色）在分子外侧，和细胞的水溶液接触。疏水链（玫色和橘色）存在于内部——尤其是血红素基团周围。

氨基酸通过肽键连接，肽键形成于聚合反应——一种除去水分子的反应。氨基酸的羧基带弱负电荷，氨基呈弱正价。羧酸的氢氧根(OH⁻)基团和来自氨基团的一个氢原子起反应，形成水分子，而氨基酸互相连接。细胞中，该反应由特定的酶催化。新形成的二肽分子也有一个氨基团和一个羧基团，因此能形成氨基酸链。

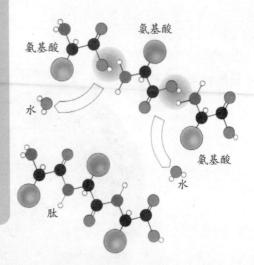

氨基酸　氨基酸　水　氨基酸　水　肽

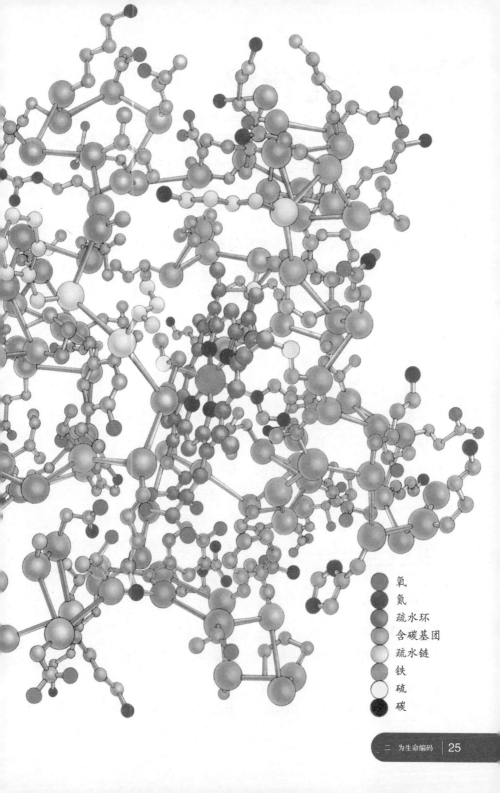

氧
氮
疏水环
含碳基团
疏水链
铁
硫
碳

2 遗传代码

遗传代码是解读基因语言的钥匙。DNA 和 RNA 分子上的单个碱基如同字母表中的字母，组成单词用作合成蛋白质的指令，决定着生物体的结构和功能。一个生物体遗传代码的全部信息，就是其基因组。

基因是 DNA 的一段，有核苷酸碱基对的特定线性序列。基因上的碱基序列指定氨基酸序列，氨基酸必须连接起来形成一种蛋白质，或蛋白质中的多肽链之一。

事实上，代码由碱基三联体构成，称为密码子。每个密码子指定一种氨基酸。四种碱基提供了 64（4^3）种可能的密码子，多于形成 20 种不同氨基酸的所需。代码是所谓"冗余的"，因为有些氨基酸由一个以上的密码子指定。一些密码子有其他作用，例如"起始"和"终止"密码子标记多肽链的开始和结束。

真核细胞的细胞核中，只有一小部分 DNA 序列（1%—10%）提供合成蛋白质的信息，剩下的，往往被称为"垃圾 DNA"，由在基因之间或基因内部看上去无意义的序列组成。基因中的一段段"垃圾 DNA"叫作内含子，编码序列段叫作外显子。

原核细胞通常缺乏内含子。一部分 DNA 代码参与控制基因——帮助决定其开闭。控制序列被称为启动区和加强子，一般存在于用于多肽链起始密码子的"上游"，加强子还可能距离起始位点有数百碱基之遥。一个基因如要开启，

↓ mRNA 上编码特定氨基酸的核苷酸碱基三联体。有四种碱基：腺嘌呤（A）、胞嘧啶（C）、鸟嘌呤（G）和尿嘧啶（U）。核糖体一次读取 3 个碱基。碱基三联体（密码子）通常指定一种氨基酸，以被加到核糖体的多肽链上。一些氨基酸被一个以上的密码子编码。不是所有密码子都编码氨基酸，UAA、UGA 和 UAG 是终止信号，使核糖体在这一点上终止生长中的多肽链；AUG 编码甲硫氨酸，并作为起始信号，确保核糖体"知晓"从何处开始计数。

则其控制序列必须形成有多种调节蛋白质的复合体。这些蛋白质的产生受激素或其他化学信号的引发，通常和控制基因相关。

DNA 序列代码被译为蛋白质，第一步是转录：利用 DNA 为模板在细胞核内合成 RNA 互补链，然后

第二个碱基

第一个碱基		尿嘧啶（U）	胞嘧啶（C）	腺嘌呤（A）	鸟嘌呤（G）	第三个碱基
尿嘧啶（U）		苯丙氨酸	丝氨酸	酪氨酸	半胱氨酸	U
		苯丙氨酸	丝氨酸	酪氨酸	半胱氨酸	C
		亮氨酸	丝氨酸	终止	终止	A
		亮氨酸	丝氨酸	终止	色氨酸	G
胞嘧啶（C）		亮氨酸	脯氨酸	组氨酸	精氨酸	U
		亮氨酸	脯氨酸	组氨酸	精氨酸	C
		亮氨酸	脯氨酸	谷酰胺	精氨酸	A
		亮氨酸	脯氨酸	谷酰胺	精氨酸	G
腺嘌呤（A）		异亮氨酸	苏氨酸	天冬酰胺	丝氨酸	U
		异亮氨酸	苏氨酸	天冬酰胺	丝氨酸	C
		异亮氨酸	苏氨酸	赖氨酸	精氨酸	A
		甲硫氨酸	苏氨酸	赖氨酸	精氨酸	G
鸟嘌呤（G）		缬氨酸	丙氨酸	天冬氨酸	甘氨酸	U
		缬氨酸	丙氨酸	天冬氨酸	甘氨酸	C
		缬氨酸	丙氨酸	谷氨酸	甘氨酸	A
		缬氨酸	丙氨酸	谷氨酸	甘氨酸	G

内含子从 RNA 除去，依靠"剪接"过程中的酶，产生信使 RNA（mRNA）分子——能转到细胞质上并指导蛋白质合成。一般提到的遗传代码指的是 mRNA 分子上的。mRNA 有四种不同的碱基，和 DNA 一样，它包含腺嘌呤（A）、胞嘧啶（C）和鸟嘌呤（G），而 DNA 中的胸腺嘧啶（T）被尿嘧啶（U）替代。

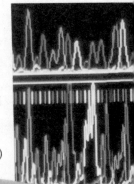

遗传代码没有重叠，这意味着每个碱基只属于一个密码子。例如，mRNA 序列 AGCCAACUG 会被"读作"AGC-CAA-CUG，编码：丝氨酸－谷酰胺－亮氨酸，而不是 AGC-GCC-AAC 或任何其他组合。

几乎所有已知生物遗传代码都相同。如果将人类编码血红

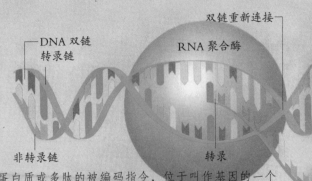

↑用于产生一种特定蛋白质或多肽的被编码指令，位于叫作基因的一个 DNA 段上。蛋白质合成的第一阶段称为转录：把基因的信息复制到一个信使 RNA（mRNA）分子上。在酶的协助下，DNA 解旋——从接近基因起点的一个特定点开始。单个 DNA 的链之一被用作合成 mRNA 的模板。激活的核苷酸碱基与 DNA 链上对应的碱基配对，但 mRNA 上的尿嘧啶碱基（取代胸腺嘧啶）跟腺嘌呤配对。这些碱基随后通过 RNA 聚合酶连接起来，形成 mRNA 的一条单链。

←电脑显示一段DNA中的核苷酸碱基序列分析——这里是人类基因簇HL-A，在免疫中有重要作用。碱基用字母和颜色表示：腺嘌呤（A，红色）、胸腺嘧啶（T，蓝色）、胞嘧啶（C，绿色）及鸟嘌呤（G，黄色）。轨迹显示的是典型的电脑分析，即从DNA测序仪的输出，该方法被用于人类基因组计划。

蛋白的 mRNA 加入来自细菌的细胞，血红蛋白将生产出来：细菌的蛋白质合成设备能够读取人类 DNA。也有例外，如某些单细胞真核生物及线粒体等细胞器的 DNA，这些细胞器来源真核细胞进化初期的共生单细胞。

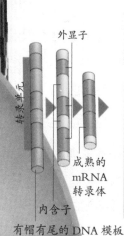

外显子

转录单元

成熟的
mRNA
转录体

内含子

有帽有尾的 DNA 模板

←一个基因中并非所有的 DNA 都编码蛋白质，还有很多看上去是无意义序列的"垃圾"片段，称为内含子——尤其是在真核细胞中。这些片段起初也复制到 mRNA 上；在离开细胞核前，内含子就通过所谓的剪接过程被编辑删除了，留下一个更小的"成熟"mRNA 分子。这一阶段中，mRNA 获得一个"帽子"，即由一个核苷酸在其起始端键合甲基和磷酸基团，这被看作帮助其他参与多肽合成起始的分子识别 mRNA 分子。

→信使 RNA 通过核膜上的孔穿出细胞核，与核糖体连接。在这里，和 mRNA 上的三联体密码子对应的氨基酸被带到一起，在特定酶的影响下，其间形成肽键，产生一种成长中的多肽链。

mRNA 单链

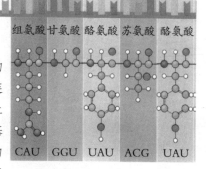

组氨酸　甘氨酸　酪氨酸　苏氨酸　酪氨酸

CAU　GGU　UAU　ACG　UAU

3 解码

人体内有 32000 种基因，编码构成 3 万—4 万种不同蛋白质多肽链。任何时候，只有 3%—5% 的基因开启。这些基因上的信息必须被"翻译"为蛋白质及其他关键物质，从而使基因的指令得以执行。

大部分真核细胞包含数万个执行蛋白质合成的微小粒子——核糖体。原核细胞中，信使 RNA（mRNA）分子从 DNA 上脱落时，核糖体就开始翻译它们。但真核细胞中的核糖体位于细胞质中，DNA 分子则被限制在细胞核内。如果 DNA 不小心进入细胞质，就会有和其他化学物质相接触而被摧毁的危险。

RNA 通过转录过程从一个 DNA 模板被合成，该过程相似于 DNA 复制期间新 DNA 的合成。DNA 解旋，一条 RNA 链被合成——利用暴露的 DNA 链之一作为模板——这条链称为编码链。同 DNA 复制一样，配对碱基被加到每一个新暴露出来的碱基，只有一个例外——没有胸腺嘧啶，取代的是尿嘧啶。从一个 DNA 模板合成 RNA 的过程很快——新碱基以大约每秒 30 个核苷酸的速度加入生长中的 RNA 链上。

RNA 的核苷酸通过 RNA 聚合酶连接起来。酶顺着 DNA 移动促使其解旋，在其后重新绕旋。RNA 聚合酶一旦到达基因的终点，就从模板上释放 RNA，再全部重新开始。在细胞的一生中，同一基因有数以千计的 RNA 副本可能被制作出来。

转录之后，新合成的 RNA

在剪接过程中微调，除去内含子。剪接过程通过细胞核中被称为剪接体的单元完成。每个剪接体包含数个微小核蛋白——由 RNA 结合蛋白质而产生。一项令人吃惊的发现是，在剪接体中 RNA 扮演类似酶的角色：RNA 不仅在剪接过程中起催化作用，也催化剪接体的装配。这些类酶 RNA 分子被称为核糖核酸酶。剪接之后，成熟的 mRNA 穿出细胞核，进入细胞质。

核糖体由特定蛋白质和一种被称为核糖体 RNA（rRNA）的特殊类型的 RNA 构成。每个核糖体由两个亚单元组成。当两个亚单元结合形成核糖体时，它们恰好提供了蛋白质合成所需的环境，以及用于氨基酸载体和用于 mRNA 链的特殊结合场所。氨基酸由另一种形式的 RNA，即转运 RNA（tRNA）带往核糖体。每种氨基酸至少对应一种 tRNA 分子。每个

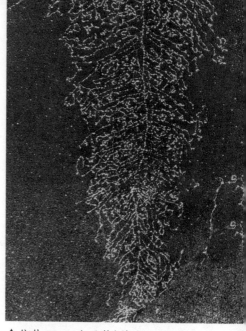

↑信使 RNA 分子簇（放大 6700 倍）在 DNA 分子骨干周围形成蕨形结构，正在经历转录。转录开始于一端，mRNA 分子随过程的持续而越来越长。

tRNA 分子一端有三个碱基组成的序列，称为反密码子。反密码子和 mRNA 上的碱基（密码子）配对，而该密码子编码这种 tRNA 所携带的氨基酸。因此 tRNA 作为一种适配器，带来连到核糖体上的 mRNA 密码子指定的正确氨基酸。

翻译开始于特殊的起始 tRNA 跟核糖体小亚单元结合

蛋白质合成中，转运 RNA 将一个特定氨基酸带往核糖体。真核细胞中至少有 60 种不同的 tRNA，靠氢键维持形状。氨基酸连接到 tRNA "尾巴" 上的未配对部分。反密码子由三个核苷酸碱基组成，跟 mRNA 上的密码子互补。合成过程中，反密码子和 mRNA 的密码子配对，安置氨基酸以形成肽键。

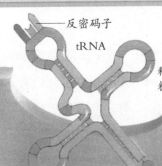

反密码子

tRNA

释放的核糖体亚基

氨基酸受端

→一个蛋白质或多肽被合成之前，DNA 解旋以暴露出编码它的基因。DNA 是 RNA 合成的模板：DNA 上的代码通过 RNA 上的互补碱基表达出来。这个 RNA 可能是信使 RNA（携带多肽中氨基酸序列的指令）、转运 RNA（将多肽中要用到的特定氨基酸运往核糖体），或核糖体 RNA（核糖体的主要组分）。核糖体 RNA 主要在细胞核中合成，跟某些蛋白质结合形成核糖体亚单元。三种形式的 RNA 都通过细胞上的核孔转往细胞质。

之时。tRNA 的反密码子随后结合 mRNA 上的起始密码子。然后较大亚单元结合到小亚单元，形成功能化的核糖体。随后，氨基酸由其 tRNA 带往核糖体，核糖体酶催化它跟 tRNA 上氨基酸之间肽键的形成，构建起多肽链，翻译一直进行到触及了终止密码子，接着整个氨基酸链从核糖体释放，两个亚单元分开。

RNA

DNA

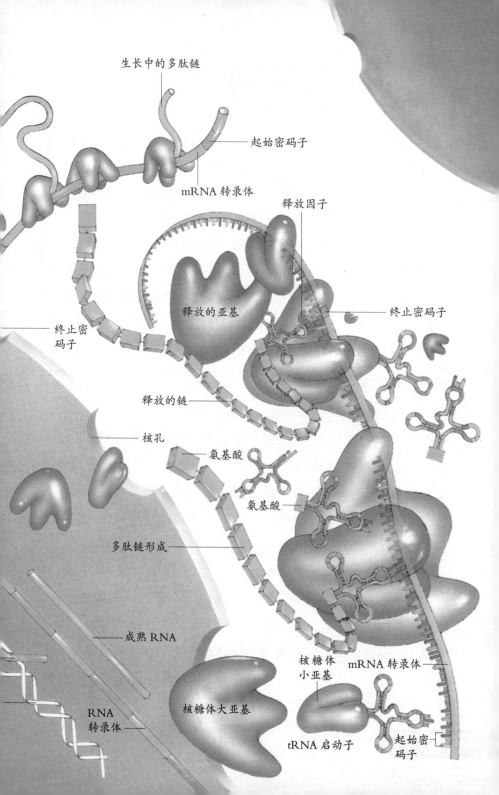

生长中的多肽链

起始密码子

mRNA 转录体

释放因子

释放的亚基

终止密码子

终止密码子

释放的链

核孔

氨基酸

氨基酸

多肽链形成

成熟 RNA

核糖体小亚基

mRNA 转录体

RNA 转录体

核糖体大亚基

tRNA 启动子

起始密码子

4 基因开闭

当动植物到了繁殖的年龄时，一些自然界中最戏剧化的转化就要发生了。这些变化是由基因表达模式的巨大变化导致的，一些基因被关闭，另一些则变得活跃。正常的生长发育中也有类似的变化发生，如细胞分化为不同功能而特异化。

基因的开闭取决于细胞的需要，使细胞适应变化的食物供应、防御细菌侵袭，或是修复损伤的需要。开闭可能由局部信号引起，如细胞内部化学物质的浓度变化；或是外部信号，如激素和神经传导。在体细胞内部及之间控制与协调基因表达，需要一个非常复杂的基因调控系统。

基因表达涉及 DNA 指令的转录，这以 RNA 聚合酶为媒介，形成信使 RNA（前 mRNA）分子。前 mRNA 随后被"编辑"，移除一些不必要的代码（内含子）。成熟的 mRNA 再穿出细胞核，进入细胞质的核糖体，在那儿代码被读取并被"翻译"为蛋白质；随后，蛋白质又会进一步被修饰，在被利用前可能会被运往细胞的特定部位。这些过程得以进行之前，染色体中的 DNA 必须解旋，且去除一些相关蛋白质，以便 RNA 聚合酶能结合。基因表达中的每一个阶段都是可调控点。真核细胞中，最常见的调控点是转录。

基因是 DNA 上的一段，可能编码一个蛋白质或多肽，也可能包含数百个核苷酸。为了启动转录，RNA 聚合酶必须结合一段被称为启动区的 DNA 序列，启动区位于基因的上游

（和转录方向相反的方向上）。启动区不仅决定转录开始的位置，也决定 DNA 双螺旋两条链中的哪一条作为模板，这是调控转录的主要位点。

RNA 聚合酶自身结合之前，一个被称为转录因子（TF）的蛋白质组合必须先结合到启动区上。所有启动区都含有一段 25 个核苷酸长度的 DNA 序列，称为 TATA 区（因为包含 TATA 的碱基序列）。

TF 之一需要在其他 TF 之前和 TATA 区结合。另一些 TF 识别并结合其他蛋白质，包括其他 TF 在内，或结合 RNA 聚合酶。只有当 TF 和 RNA 聚合酶都在 DNA 上一起装配起来，形成一个转录复合体，转录才得以开始。

要使转录按适当的速度进行，也需要叫作加强子的其他 DNA 片段的参与。加强子可

↑很多无脊椎动物及某些脊椎动物成熟后改变其形式，如自由游动的幼虫（上图）成长为活动缓慢的洋底栖息海星（下图）。基因活性的变化导致这种变态。变化的模式受自身其他基因控制，是对内部和外部信号的反应。

能处于基因下游，可能在内含子（基因中的非编码 DNA 序列）中，甚至距离启动区数千个核苷酸之远。加强子结合更

细菌中，乳糖的消化受一段称为乳糖操纵子的 DNA 控制。该过程涉及三种酶：β-半乳糖苷酶把乳糖分裂为葡萄糖和半乳糖；通透酶将乳糖运送入细胞；乙酰基转移酶则参与乳糖代谢。编码这些酶的基因在 DNA 上彼此毗邻。缺乏乳糖的时候，阻遏蛋白结合操纵子，覆盖启动区，避免 RNA 聚合酶跟 DNA 结合。乳糖存在的时候，它和阻遏蛋白结合，形状扭曲，阻遏蛋白就不能继续和操纵子结合了。此时启动区暴露出来，转录得以开始。

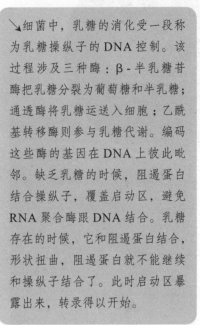

激活调节基因
启动区
mRNA 聚合酶

乳糖

阻遏蛋白

mRNA 聚合酶受
阻遏蛋白抑制

操纵子

基因 1：编码 β-半乳糖苷酶

基因 2：编码通透酶

基因 3：编码乙酰基转移酶

乳糖 / 阻遏
蛋白复合物
mRNA 基因 1

mRNA 基因 2

mRNA 基因 3

写给孩子的
生命简史 破解生命码蛋白质和基因

多 TF，称为活化子，将转录速度提升 200 倍。DNA 弯成一个环，使加强子和转录复合体相互接触。最后，转录完成。

体内众多基因的很多加强子、活化子和启动区都包含相同的 DNA 短序列（长约为 4—10 个核苷酸）：基因并没有自己独特的控制元件，但有自己特殊的控制元件联合。生物体处于不同发育阶段时，或响应环境变化时，需要同时开启所有具有相关功能的基因群。这些基因可能广泛地分散在不同

染色体上。如果它们共享同样的控制元件，就能在同时被全部激活。

正如存在转录活化子，也会有阻遏蛋白的存在，两者往往由不同基因产生。阻遏蛋白结合转录所需组分之一，阻止 RNA 聚合酶的结合。抑制物在原核细胞中更加必不可少，因为其基因调控系统更加简单。

当 mRNA 被作为产生蛋白质的模板时，处于翻译阶段时的基因活动可以得到控制。蛋白质翻译因子促进翻译的进行。调节蛋白质可能和部分 mRNA 结合，阻止核糖体的连接；或给翻译因子加上磷酸基团，使其失活。很多调节蛋白质添加磷酸基团被激活，去除磷酸基团则失活。

←环境信号和遗传编程相互作用，使同一物种在一年中的相同时节绽放花朵，这为交叉授粉提供了最好的机会。

5 生命的局限

不同生物体发育模式中主要变化发生的时间差别巨大。例如，昆虫在每一次蜕去坚硬的外骨骼或表皮后，柔软的内表皮可以自由扩展时，迎来生长的激增。在蝗虫等昆虫中，翅膀阶段性发育，每次蜕皮后变大一点。蝴蝶毛虫每次蜕皮后只简单地变大，却保持着相同的外形，但最后一步从毛虫羽化成蝶则十分显著，涉及组织的吸收和彻底重新排列。这种从幼体到成体，在身体上发生的明显变化，称为变态。变态也见于蟾蜍和青蛙。另一方面，哺乳动物成长和成熟则只在比例上发生简单变化：人类婴幼儿和成人相比，头部与身体其他部分的比例明显要大很多。

环境因素对基因的活动模式有明显影响，且因此影响生长的模式和时间。幼年时营养良好的人要比营养不良的人个体长得更高，也往往更胖。基因简单地给这种生长设定了限制。此外，营养充足的人更早进入青春期（性成熟）。更重要的是疾病带来的影响，能够限制生长，并影响一个个体在之后的生命里承受生理压力的能力。生长在空旷的地方的树木，往往扭曲并弯倒，以躲避盛行风向。

即便已经特异化，大多数动物细胞还是能重新分裂，以修复组织损伤或促进生长。例如，哺乳动物的肝脏有显著的修复能力，如果被移除 2/3，只要 3 个星期，肝脏就能再生为原来的大小和形状。血红细胞在发育中失去了细胞核，一旦死亡，就需要骨髓和脾脏产生新的细胞来补充。

相反的，植物的生长往往限制在芽尖和根尖，以及木本植物根茎中外层之下一个分生细胞带（形成层）组成的环中。植物长高时，形成层促进周长的增加。仍保有分裂能力的植物组织被称为分生组织。其他植物细胞，一旦为特定目的而分化，就不能再分裂。

或迟或早，不论植物还是动物，生长会减慢或停止；身体状况恶化，死亡随后到来。每一个物种或一类生物，最大寿命看来都是遗传注定的。人类平均能活 70—80 岁，虽然个别能活到 100 岁以上；一年生植物活不到 1 年，往往只有两三个月。

细胞能保持很多代的生命，但甚至在理想状况下，大多数细胞在培养了大约 50 代之后也就停止了分裂。被编程细胞死亡是自身生长发育过程

↑乌鸫幼鸟孵化时没有羽毛和视力。已编程细胞死亡在它们的发育中起了重要作用：其眼睑上可见的虚线里的细胞最终死亡，使眼睑得以张开，幼鸟才第一次看到这个世界。

的一部分。例如，人类胎儿出生前都还没有视力，随后连接眼睑的细胞死亡，眼睑分开。

衰老进程中，大部分身体组织中的细胞分裂慢了下来，组织从而渐渐衰退，随之带来身体机能效率的衰退：视力和听力变得失灵；反应时间延缓；消化效率降低；骨骼更易受损，诸如此类。有很多理论解释衰

↑果蝇的发育阶段。体节已用颜色标明。幼虫的早期阶段，胚胎的某些区域已注定形成成体的特定结构——即使源于其的细胞簇随后改变了位置。成年果蝇在最初的结构上覆盖了坚硬的外表皮，外表皮来自幼虫身体里的如同组织一般、包裹起来的细胞袋。

老如何发生且为何发生，一些科学家认为，细胞渐渐丧失修复 DNA 的能力，因此损害慢慢堆积，影响蛋白质合成，这又反过来扰乱新陈代谢，影响物质在体内的运送，导致激素水平的变化。例如，女性的衰老可通过服用特定激素而减缓。如果免疫系统的蛋白质受到影响，身体就变得难以击退疾病、应对压力。也有证据表明，代谢反应中被称为自由基的特定化学副产物在体内随时间累积，具有破坏性的影响。

盖住染色体末端的结构称为端粒，是一串串多达 2000 个的 DNA 代码 TTAAGGG（植物中为 TTTAAGGG）的重复。端粒被认为是在细胞分裂中保护 DNA 的。它们渐渐被脱去，造成 DNA 每复制一次就变短一些。人在 80 岁时，端粒只有其在新生儿体内长度的 2/3 不到，因此衰老可能是端粒减少的结果。但衰老实际上比这要复杂得多——它可能受到多达 7000 种不同基因的影响，同时受生命过程中个体和环境的相互作用影响。

三

遗传模式

有性生殖

有性生殖中,来自两个个体的性细胞(精子和卵子)融合,形成一个含有父母双方染色体的细胞——合子。这个细胞分裂,成长为一个新个体,具有源自父母双方的特征。如果精子和卵子产生于常规细胞分裂——有丝分裂,染色体数目就会每一代都翻倍。而这种情况并没发生。性细胞(配子)由减数分裂产生,其间染色体数目减半。

大多数动物和维管植物的正常体细胞有每种染色体的两个副本(同源对),被称为二倍体。每对中的一个来自母本,另一个来自父本。减数分裂中,子染色体以十分精确的方式分配到两个子细胞核中,从而每个子细胞核得到每个同源对中的一个染色体。

减数分裂涉及两次核分裂。第一次中,已分裂为由着丝粒连接的两个姐妹染色单体的同源染色体配对,并自行排列在纺锤体的赤道板上,每对中的双方以这种方式分列于赤道板相对的两侧——仿佛被中心粒排斥。不同于有丝分裂,这第一次分裂时,着丝粒并未分离。相反地,每个子核只得到了每个同源对中的一方,因此成为单倍体。同源对中哪一方传给哪一极很随机,每对同源染色体在配子中的分配独立于细胞中的其他对(独立分配)。所以,配子最终有着父母双方染色体和基因的不同混合。

第二次分裂本质上类似有丝分裂,结果是产生 4 个单倍体子细胞,每个含有不同遗传物质。这种提高了的变异性来源于被称作互换的过程。第一次分裂中形成纺锤体的期间，染色体同源对在列队时互相靠得很近，该过程称为联会。邻近的非姐妹染色单体在其长度方向上的某些点断裂，并交换对应片段。这将父本和母本染色单体上的基因混合为新的组合。不同的染色单体可能含有相同基因的不同版本（等位基因），由此增加了后代的变异。

减数分裂因此有两个功能：将染色体数目分半，以及为后代

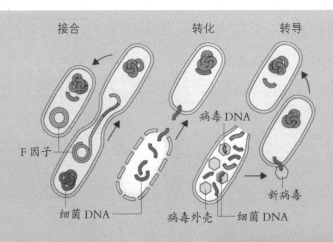

接合　　　　　转化　　　转导

F 因子

细菌 DNA

病毒 DNA

病毒外壳　细菌 DNA

新病毒

↗细菌通过三种方式交换遗传物质。在转化中，细菌从其环境中得到一小片 DNA（可能由死亡的细菌释放）。在转导中，DNA 通过噬菌体（病毒）从供体传递给受体。比较少见的是接合（右图）。细菌通过所谓的菌毛结构交换 DNA。和主"染色体"一起，供体细胞中还有一个双链 DNA 的环，称为 F（繁殖）因子，编码一种蛋白质，可使其宿主跟其他细菌接合。F 因子的 DNA 解旋，一条链传入受体，使它也成为潜在的供体。

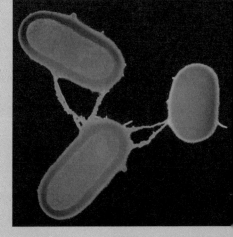

提供新的等位基因组合。合子不仅含有来自父母双方的染色体，这些染色体还含有来自祖父辈的等位基因的混合。有性生殖的功能则不那么明确。有性生殖导致变异，提高了物种适应环境及其中的变化的能力。这对群体——种群或物种——有益，却令个体在传递自身基因上耗损良多。

无性生殖中，如果100个雌性各产生2个后代，均为雌性，则当这200个雌性再繁殖，就

↓第一次减数分裂后期，着丝粒并不分开。纺锤体纤维将着丝粒和相联系的姐妹染色单体拉向两极：每个染色体和其同源体分离，移往相反两极，并入子细胞核。到了第一次减数分裂末期，染色体数目减少。每个染色体由两条姐妹染色单体组成，但由于互换，它们并不一致。纺锤体消失。在动物和一些植物中，核膜在这一阶段重新形成，且有一段间期（但没有 DNA 的复制）。新子细胞的分裂开始于第二次减数分裂前期；染色单体缩聚，核膜消失，纺锤体开始形成。

得到的染色体

交换

第一次减数分裂后期

第一次减数分裂中期

第一次减数分裂前期末的细胞

第一次减数分裂前期初的细胞

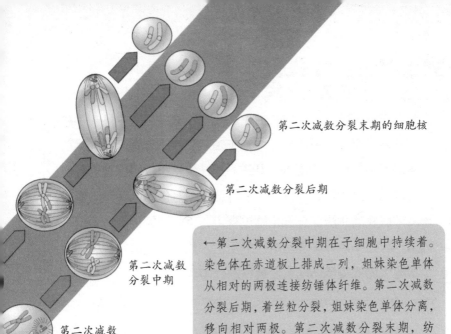

第二次减数分裂末期的细胞核

第二次减数分裂后期

第二次减数分裂中期

第二次减数分裂前期

←第二次减数分裂中期在子细胞中持续着。染色体在赤道板上排成一列，姐妹染色单体从相对的两极连接纺锤体纤维。第二次减数分裂后期，着丝粒分裂，姐妹染色单体分离，移向相对两极。第二次减数分裂末期，纺锤体消失，每个细胞核周围形成一层核膜。

第一次减数分裂末期

↙减数分裂间期（和有丝分裂中同样），DNA复制，染色体翻倍，形成连接在着丝粒上的姐妹染色单体对。第一次有丝分裂前期，纺锤体开始形成，染色体缩聚。互换发生：同源染色体互相排斥并分离，在相交点上发生断裂和重新连接。当染色单体分离时，它们有新的等位基因组合。中心体（如果存在）移往两极，核膜消失。第一次减数分裂中期，染色体随机排列在纺锤体赤道板上。它们的着丝粒互相排斥，因此一对中的双方分列于相对的两侧，被纺锤体纤维拉往相对的两极。

会有400个后代，依此类推。但如果200个雌性有性生殖，各产生2个后代，平均只有1个是雌性，它们再繁殖也只能产生200个雌性后代——有50%耗损于有性生殖。

有性生殖也是为了保护不受有害突变的影响，因为不是所有后代都能遗传得到。

2 性别决定

对大多数动植物而言，有性生殖是变异的主要来源，施加于其上的自然选择能使进化产生。有性生殖不仅将已有的等位基因改组为新组合，还提供了一种测试新等位基因在不同遗传环境中影响的手段。有性生殖过程中，减数分裂期间，等位基因第一次在染色体中混合成新的组合，然后来自雌性和雄性两个不同个体的染色体随机汇聚在后代中。

有性生殖只发生于真核细胞中，其DNA排列在染色体上。细菌有多种交换DNA的方法，包括接合中个体的配对，但没有减数分裂或配子产生。

性的差异随进化的进行而趋向极端。很多非常简单的生物中，如变形虫、藻类和真菌，配子间的一些差异由几个等位基因编程决定。更复杂些的生物中发生渐变，从不同大小的配子（其中较大的被认为是雌性配子）到不同形态的配子——一个含有食物储备的大型卵子，和一个小得多的游动精子。这保存了能量：卵子不用付出移动的能量；精子在移动时有着更轻的重量。多细胞生物体中，这些差异也会扩展到亲体。雌雄器官为受精作用特定的方式而进化，两性的身体也为性吸引、竞争配偶或父母照料而改变。

性别决定以遗传为基础，但其表达受内部和外部因素的控制。对于人类来说，一个明确的染色体对——性别染色体——携带影响个体性别的基因。人类性别染色体有两种——大的X染色体和较小的Y染色

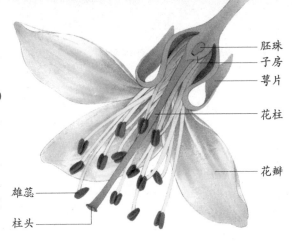

→大多数开花植物是雌雄同体——它们同时有雄性器官(雄蕊)和雌性器官(子房、柱头和花柱)。雄蕊发育得比雌性器官更远离中心,表明在这些花中,激素梯度控制性别表达。

胚珠
子房
萼片
花柱
花瓣
雄蕊
柱头

体。有 2 条 X 染色体的个体(XX)是女性;有 1 条 X 和 1 条 Y 染色体的(XY)是男性。人类默认为女性——Y 染色体上的性别决定基因 SPY 清除女性特征,以产生男性。SPY 基因是基础开关,影响散布在基因组中参与性别分化路径的很多基因。Y 染色体的存在与否才是重要的(非正常的 XXY 是男性,XO 是女性)。这种性别决定系统在动物界和植物界都

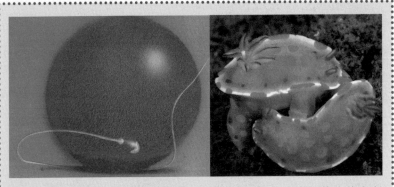

↑人类精子(左)一次就被释放数亿个,比它们所寻求授精的单个卵子要小得多。海蛞蝓(右)雌雄同体:每一方都同时有雄性器官和雌性器官。交配期间,双方都交换精子和卵子。因此,任意一个海蛞蝓都能和另一个交配,极少有得不到交配的。

一样，但有时候雌性是 XY 而雄性是 XX。然而，一些物种中，性别染色体跟所有其他染色体的比例才是关键因素。X 染色体含有很多并非和性征特定相关的基因。一个雌性哺乳动物有 2 条 X 染色体（每条分别来自双亲），可预期其产生这些基因编码的蛋白质会两倍于雄性哺乳动物。事实上，每个细胞中 2 条 X 染色体之一随机关闭：雌性的身体是表达不同等位基因的细胞的一个"嵌合体"。

一些物种中，性别决定于一个动物带有一套染色体（单倍体）还是两套（二倍体）。雄性蜜蜂由未受精卵发育而成，而雌性工蜂和蜂后由受精

↓有性生殖是种群中遗传变异的主要来源：双亲的基因在后代身上混合。动物必须能够识别自身物种的成员，并分辨两性。哺乳动物中，这往往基于和性活动相关的激素所产生的气味。两性间也可能有大小上的不同，尤其是雄性要竞争雌性时。这种竞争在狮子中尤其显著，不仅可以通过大小识别雄狮，也可以通过其大量的鬃毛识别。

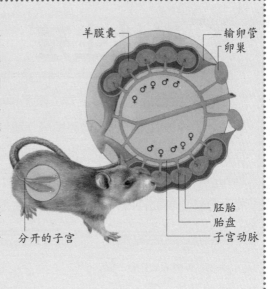

→老鼠的性征受子宫中性激素浓度的影响。两侧都有雄性的雌性胚胎暴露在相对较高的睾酮激素水平中；当它们发育成熟，会有轻微的雄性解剖学征，对雄性吸引力较小，且行为具有攻击性。最有吸引力的雌性两侧都是雌性胚胎。一侧有雌性的雄性胚胎，生长中会发展出一些雌性特征。

羊膜囊　　　　　　　　输卵管
　　　　　　　　　　　卵巢

　　　　　　　　　　胚胎
　　　　　　　　　　胎盘
分开的子宫　　　　　子宫动脉

卵发育而成。

这种性别决定系统在很多无脊椎动物中都有发现。

决定性别的基因在各发育阶段开启。一些动物和植物物种中，生物体的营养状况或特定激素水平等因素能够影响其发育为哪种性别。鳄鱼和海龟胚胎的性别取决于卵在孵化时的温度。开花植物特别易变，尤其是那些同一个芽尖上产生分离的雄花和雌花的——生长中的芽尖上的组织体模式产生雄花还是雌花取决于日长。

一些动物物种会在其生命周期中转变性别。一群蓝头隆头鱼中，除了雄性的首领鱼之外，其余全都是雌性。如果首领鱼死亡，领头的雌鱼在数小时内就变为雄性；如果有其他雄性出现，它又变回为雌性。还有很多开花植物规律性转变性别——同一朵花上既有柱头也有雄蕊，但（根据不同物种）其中之一先成熟，由此防止了自体受精。

3 无性生殖

有性生殖提供了遗传变异，赋予种群中的适应性。然而，如果一个种群或个体已经适应良好，遗传构成如果还要通过有性生殖持续变化，就可能会丧失一些优势。只有无性生殖能得到和亲本在遗传上完全一致的后代。出于这个原因，很多植物和无脊椎动物物种既有性生殖又无性生殖。

草属于最成功的开花植物之一，它们通过在最低的节点产生新芽而无性生殖，最终旧芽和新芽间的连接分解，一个新的、遗传上完全相同的草本植物——一个克隆体——诞生了。一片草地是多个种类克隆体的混杂区。植物中有很多其他形式的无性生殖：子代球根和球茎的形成；碰到地面的拱状茎生根；地面上匍匐茎或地下根状茎（埋起来的茎）、块茎的形成，生出新芽之后分开；甚至，有些肉质植物，顺叶缘长出细小的幼苗。无性生殖对于多倍体等无法进行有性生殖的植物来说非常重要；北极的很多植物中也有无性生殖——那里几乎没有能够传粉的昆虫。

单细胞生物，如变形虫和很多藻类，能通过有丝分裂简单地一分为二，该过程称为二分裂。简单地分裂成新生命体也发生于很多多细胞藻类和简单无脊椎动物身上，如扁虫、海绵和珊瑚。扁虫裂成两半并再生它们的"另一半"，而一些海葵把自己挤压成8字形，然后分离成两个新动物。其他生物，如酵母、水螅和一些海

↑无性生殖的能力意味着植物不需要依赖昆虫传粉。蒲公英是一个高度成功的例子，通过产生无须受精的种子而迅速扩散；胚珠（植物子房中一种含有卵细胞的结构）内的一个二倍体细胞发育为胚，最终成为种子。这个过程称为无融合生殖。

↑夏天，水蚤通过孤雌生殖迅速繁殖：孵化前，10—12个未受精卵都在雌性背上的特殊育仔囊中（如上图所示）发育，幼水蚤（也是雌性）随后被释放到水中。雄性只有在过度拥挤或食物短缺的情况下才会产生；受精的雌性产下被保护在坚硬外壳中的卵，这些卵在水中和干燥环境中都能存活。

葵，通过出芽生殖产生新个体。

这些生物有些时候也会进行有性生殖，从而维持种群的变异。往往有一个规律性循环：在适宜的季节中进行无性生殖使种群快速扩张，在冬天或旱季开始时进行有性生殖——此时无法进行快速繁殖。这些物种的有性生殖通常产生一个裹在坚硬囊包中的合子（受精卵），合子能保持休眠，直到条件转好。合子甚至能飘散开，以有助于物种的分散。水螅就是一例。

更复杂的无脊椎动物不能简单地一分为二，但它们表现出一些十分奇特的无性生殖形式。蚜虫能像蒲公英一样迅速扩散，夏天大量孳生于园林植物和农作物上。这些蚜虫都是雌性，能生出雌性后代——不需要雄性。雌性蚜虫并非产生单倍体卵以待受精，它的生卵细胞进行一种特殊的减数分裂，染色体发生不分离（所有

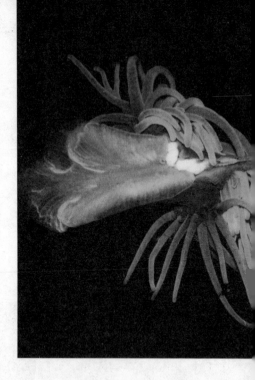

染色体进入同一个子细胞），产生二倍体卵，其在化学刺激下就能发育为雌性胚胎。

蚜虫的孤雌生殖发生得十分迅速，幼年蚜虫出生时已经怀孕，带有正在发育的胚胎。秋天，带翅膀的雄性和雌性就出现了。有性生殖产生的卵能够在冬天存活。

孤雌生殖也出现于很多鲜有机会遇上雄性的无脊椎生物中，但在脊椎动物中很罕见。

←某些海葵，如图中这些美国粉红海葵，能通过简单地一分为二进行无性生殖，该过程称为二分裂。二分裂在单细胞生物中最常见，但也能发生于海葵这样的简单多细胞生物身上。通过这种方式产生的两个后代（通常称为子代）和亲代在遗传学上完全相同。这种繁殖方式对生活在稳定环境中的生物而言很理想，但不能受益于有性生殖带来的遗传变异，甚至会受到其负面影响。

↓小茧蜂将卵产在这只毛虫体内。随着卵的发育，胚胎细胞中的早期物质产生了更多的胚胎。幼虫以毛虫身体组织为食，最终化蛹，穿过毛虫体壁出来。

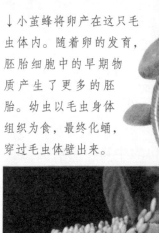

↑这只来自美国的鞭尾蜥蜴是雌性——和它的所有亲属一样。这是少数通过产未受精卵而无性生殖（孤雌生殖）的脊椎动物之一。

这些孤雌生殖物种都是从有性生殖物种进化而来的。亚马孙帆鳍鲈是一种孤雌生殖的鱼，但仍需要精子的刺激才能产卵，因此雌性帆鳍鲈引诱亲缘物种的雄性进行伪交配，从而获得其精子。

孤雌生殖在很多社会性昆虫（如蚂蚁、胡蜂和蜜蜂）中扮演不一样的角色，以产生一个社会性群体或等级中的特定成员。蜜蜂蜂后产下的受精卵发育成雌性（蜂后和工蜂），未受精卵则发育成雄性（雄蜂），雄蜂通过有丝分裂产生精子。

一些微小的瘿蚊产生大的孤雌生殖卵，孵化成幼体，每个幼体从内部啃噬母体时，产生更多的卵。依此类推，直到很多代之后最终达到一代胡蜂成体。无性生殖和生命本身一样古老。今天的一些动物是古老祖先的克隆体。轮虫，显微镜下的"轮状微生物"，生活在淡水里，是约1亿年前的祖先的克隆体。细菌可能是地球上最成功的生物（当然也是数量最多的），主要通过克隆繁殖。

←苔藓的孢子生长在其纤细的荚膜孢蒴中，这些荚膜孢蒴通常只有几厘米高。图中，一个荚膜孢蒴已经打开，孢子都被撒到空中。

4 基于自然选择的进化

1858 年，英国自然学家查尔斯·罗伯特·达尔文和阿尔弗雷德·拉塞尔·华莱士提出基于自然选择的进化理论。该理论论点很简单：动植物的后代往往在数目上超过亲代，但世界上的生命尚未泛滥成灾，很多种群的数量保持得相当稳定，这是因为不是所有后代都能存活并长大，这表明要在斗争中求生存。

每个物种的个体成员都稍有变化，且一些变异能够遗传。其变异不能使它们在生存斗争中胜出的个体，无法达到生殖年龄，因此它们的变异无法传给任何后代。那些具有的变异能更好地适应环境的个体，生存得更加长久，并产出更多后代，其中一些后代遗传了这种更适应的变异。很多代之后，有益的适应性渐渐在种群中累积。

达尔文称之为"适者生存"，最适应的未必是最健康的，而是那些生育力最强的——用现代遗传学的话来说，就是那些最可能将基因传给后代的。

他提出，一定时间内，种群构成的变化会很大，使其成员无法和最初群体的其他成员交配——新物种可能已经形成。

进化的概念使当时的普通大众很震惊，因为当时许多人都相信每个物种都由上帝在几天内创造，且自那时起就没有变化过。进化理论并没有否定上帝造物的看法，但已意识到物种随时间的变化而变化。

↑ 19世纪出现了两种对长颈鹿长脖子的不同解释。达尔文指出：长颈鹿的祖先是短脖子（图1），一些偶然变异产生了长脖子的长颈鹿，能摆脱和其他动物（包括短脖子的长颈鹿）的竞争（图2）。它们获得了大量食物并生存繁衍。长脖子由它们的后代所继承，持续的选择压力导致超长脖子的个体更能存活（图3），从而数量增长。对食物的竞争导致了短脖子长颈鹿的消亡——它们不足以活到产生后代的年龄。

19世纪早期的另一理论为拉马克主义。1809年，法国生物学家让·巴蒂斯特·拉马克提出，器官因重复使用而变强，因不用而衰弱，器官的这种用进废退"通过遗传给新出现的个体而保留下来"。他这些"获得性状"的最著名例子是长颈鹿，他认为其长脖子和长腿的获得来源于为了碰到更高的树而逐代形成。

我们现在知道，发生在普

↑拉马克也接受长颈鹿的祖先是短脖子的观点，但不同的是，他认为一些长颈鹿持续拉伸脖子，脖子长得更长（图2）。更长的脖子由其后代继承。短脖子长颈鹿没有试图拉伸脖子，所以没能增加长度，便因竞争而消亡。(图3)。

通体细胞中的变化——"获得性状"——通常不遗传，在生殖细胞——产生精子和卵子的细胞——的基因中发生的改变，才产生可遗传变异。该定律最初由德国生物学家奥古斯特·魏斯曼于1892年提出。获得性状不遗传，因为信息无法从蛋白质传递给DNA，只能从DNA到蛋白质。

从达尔文时代以来，很多发现都强调了他的观点，且得出进化发生的机制。染色体和DNA的详细结构解释了性状如何代代相传，而孟德尔提出的遗传定律提供了特定性状的不同变异在遗传时自然选择的作用。突变将原材料——变异——提供给自然选择所用。自然选择从而改变自然种群中不同基因或基因组成的频率。

进化的最强有力的证据来自对当前所发生选择的研究。这在细菌和病毒中体现得最明显，其短暂的生命周期能导致快速的进化速率。例如，一些细菌每20分钟繁殖一次——病毒甚至能更快地复制。HIV是已知进化最快的生物：它的DNA每复制一次就至少得到一个突变（碱基变化）：每年 HIV 的基因组有 1% 的变化（或进化）。一个感染者带有大量的、快速进化的 HIV 种群，持续响应身体免疫系统和治疗药物的攻击所产生的选择压力。正如对抗生素有抗性的细菌的进化快于科学家发明与之对抗新药物的速率，因此 HIV 在全世界的人类宿主中进化并多样化。由于环球旅行的流行，本地宿主可能已产生抗性的细菌和病毒的变异体会继续感染新的、之前未接触过它们的宿主群——病原体（致病生物）上的选择压力减少了，疾病突然产生新的爆发。当今快速变化的世界是进化的温床，虽然总会产生新的选择压力并引起适应性改变，但未必总对我们有利。

↘英国椒粉蛾有着很好的伪装，和它们所栖息的覆盖着地衣的树皮相匹配。如果把它放在不匹配的背景下，就会有更大概率被鸟类捕食——作用于它的"自然选择"。有时种群中会自发产生深色的变种，这无法伪装，很快就被捕食殆尽。然而，工业革命期间，由于烟灰沉积，树变成了黑色，这时深色的类型就有了优势，种群中深色蝶的比例增加。随着空气质量的提高，树木回到本色，杂色蝶又成了主导类型。

5 变异和生存

自然选择对个体的作用取决于其表现型的总质量——它们有多适应环境，以及它们有多大可能生存繁衍。随机的非随机存活改变着遗传的性状。这些变异源自随机突变和基因频率的偶然变化（遗传漂变）。种群的遗传构成——它包含的所有个体的所有基因形式（等位基因）及其频率——构成了它的基因池。基因池中的变化发生于个体进入种群，或者两个种群融合之时。种群中已有等位基因的频率可能发生变化，等位基因可能消失，或新的等位基因进入；杂交也可能产生新的等位基因组合。

这种种群之间等位基因的移动称为基因流动。种群间很少或根本没有基因流动的时候，遗传漂变——以及更小程度上的自然选择——能引起一段时期后基因池的分化。两个种群间基因流动停止之后，发生在每一个基因座上的变化的量，能用来测量两个种群的遗传关联度——所谓的基因距离。这些距离用于制作出进化树。

当一小群个体拓殖到新的区域或和主要种群隔离，新种群产生，此时基因池发生剧烈的改变。如果个体数量很少，它们和其母种群的等位基因的平衡状态可能会不同，选择压力也很有可能不同。这种"创建者效应"在新火山岛被拓殖之时普遍发生。这也见于人类疾病卟啉症的发病率，卟啉症会导致个体对巴比妥类药物的严重或致死反应。南非白人中，这种病的发病率异常地高，而所有的3万名携带者都可追溯到一对1685年和1688年来自荷兰的侨民夫妇。

相似的事情发生在种群遭受疾病或大灾难时：幸存者的基因池有限，其频率可能和起初种群的完全不同。

基因池中大量变异的种群有很好的长期存活潜力。小基因池的问题尤其会影响小的存活种群的濒危物种，它们不仅缺乏应对诸如人类活动等所造成的环境变化所需的变异，近亲个体之间的交配也趋于进一步减少变异。隐性等位基因更频繁地出现在近亲个体的表现型上，而这些个体会被自然选择所淘汰，因此物种加速灭绝。近亲繁殖也趋于减少受精，其原因尚未完全可知。为拯救濒危物种，很多圈养培育计划被

↑一只孤独的猎豹在视察它的领土。想要通过圈养培育的方式提高猎豹数量的尝试鲜有成功。该种群几乎没有遗传变化性：大于1万年前，它似乎已接近灭绝，因此现在的种群繁衍自少数个体。近亲动物之间的繁殖很少成功，且低繁殖率威胁着该物种在今天的生存。

施行，包括优良种登记簿，记录了每个个体的遗传历史，目的是尽可能减少近亲繁殖的概率。

近亲繁殖的极端情况往往是毁灭，但这并非绝对：新西兰的查塔姆岛黑色知更鸟仅从4个个体成功恢复元气。

灭绝是进化中正常的一部分。曾经存在的所有物种中，99.9%以上

↓南非斑驴在1883年被猎杀灭绝。对标本皮肤的DNA研究表明，南非斑驴可能是斑马的一个亚种，也许能跟斑马杂交。即便是死去多时的动物中极微小的DNA片段，也可通过聚合酶链式反应放大，提供分析样本。将不同物种之间某些DNA片段的碱基序列做比较时，相似性程度暗示了物种间亲缘关系的远近。根据这些研究，制作出进化树，显示南非斑驴和山斑马源自一个共同祖先。它们是牛更远的远亲，甚至是人类更远的远亲。

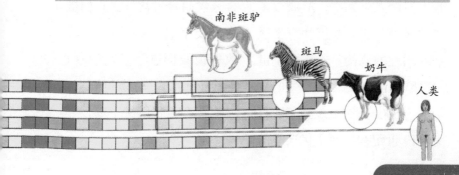

南非斑驴　斑马　奶牛　人类

←橡树种群的繁盛源于鸟类的帮助，如欧洲松鸦，鸟类携带橡子并将它们埋起来以备后用。被遗忘的橡子就此和亲本分离，相距遥远，这促进了橡树种群的基因流动。如果橡子被留在亲本树木附近，当地种群的遗传可变性就会减少。

的都已灭绝。地质记录中一个物种的平均存在时间为 400 万年。灭绝发生于环境变化快过个体能够适应该变化之时——直到适应了的存活者少到无法维持一个繁殖种群。例如，带着火器的人类到来，造成很多物种灭绝。北美候鸽和野牛就是戏剧性的范例：不到两个世纪，欧洲猎人使北美野牛的数量从约 5000 万头减少到了数百头。19 世纪初，数十亿迁徙的候鸽遮蔽北美天空长达数天。它们成千上万地被射杀，成火车皮地运往市场——衰减急剧发生，最后一只候鸽于 1814 年死在辛辛那提动物园中。数百只候鸽聚居营巢，它们被认为需要聚居的刺激才能繁殖，数量锐减促进了它们的衰亡。现代人改变了动物的栖息地，灭绝在今天仍继续上演。

6 生存策略

物种的长期存活需要种群有充足的遗传变异，能够适应变化中的环境，因此无亲缘的个体间交配最好，这称为远缘杂交。后代的分散增加了无亲缘的个体之间见面和交配的机会，从而加强了变异。柳树等很多植物，将其种子分散到很大的区域，所产生的植物是异花授粉的。海底固着动物，如贝类、藤壶、螃蟹、海星和珊瑚，其幼虫为漂浮的浮游生物。虽然邻近个体的配子之间会发生受精作用，但这些邻居来自很多不同的地方。相反地，蝴蝶等有翅昆虫在成年后分散。

来自非常不同的种群的动物会在特定的繁殖点聚集。很多远洋鱼类迁移到海岸浅水中产卵。海豹、海龟、企鹅和其他海鸟，聚集到某些海滩和峭壁，往往由它们的一般觅食区不远千里而来。不同群落的蚂蚁和白蚁常常在同一天产卵，增加不同群落中个体的见面机会。很多哺乳动物群体里，年轻的雄性（或极少数情况下年轻的雌性），青春期就被驱逐出群体，加入无亲缘关系的群体。

植物用不同的策略来防止近亲繁殖。遗传决定的化学不相容性，防止了很多开花植物的自体受精和近亲繁殖。另一些植物通过在不同时期产生成熟的雄蕊和花柱，或是在分离植株上产生雄花和雌花，来防止自体受精。

在幼崽需要双亲照料的动物物种中，"一夫一妻"制通常是一种惯例，整个繁殖季节里双亲都会在一起，甚或相守一生。如果母亲能独立抚养幼崽，一夫一妻就没必要了，尤其是能大量产仔或产生大量卵的情况下——为了双方利益，雌性和雄性都会和尽可能多的异性交配。

产生的幼崽数量较少的情况下，雄性需要跟尽可能多的

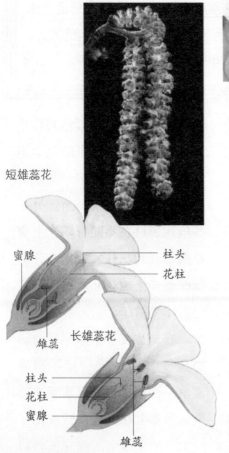

短雄蕊花

蜜腺

柱头
花柱

雄蕊

长雄蕊花

柱头
花柱
蜜腺

雄蕊

←报春花中，异花授粉靠花柱异长而得到促进。存在两种花：短雄蕊花的花柱长、雄蕊短，长雄蕊花的花柱短、雄蕊长。昆虫必须深入内部以接触花基部的蜜腺。昆虫造访一朵花的时候，花粉落在它身上；当它造访另一种类型的花时，花粉被蹭落在柱头上。右上图是分开的雄花（柔荑花序）和雌花（羽状红色柱头簇），位于同一棵榛子树上。

给孩子的
生命简史   探索生命的起源和答案

←企鹅等很多海鸟大量聚居营巢。海豹和海狮等一些海洋哺乳动物也是如此。在一年的大部分时间中，这些动物可能广泛分布于不同的觅食区。如果它们不大量聚集以求偶、营巢和繁育，其后代基因变异的机会将大大减少，整个物种将受损害。

↑这只雌性深海琵琶鱼带有两个寄生的矮化雄性，并永久相连。深海中几乎没有交配的机会，当雄性找到一个雌性时，就会附着其上。它们的血液供应相融合，雄性获得营养物质和氧气。雄性的身体逐渐萎缩，直到除了生殖器官外什么都不剩下，生殖器官可被雌性任何时候利用。

雌性交配，但雌性需要选择最合适的雄性。雄性会为了雌性的归属或领土而战，如鹿和海狗，因此一小群特别适合的雄性跟绝大多数雌性交配。而雌性则选择其伴侣。这些物种中，雄性往往进化出华丽的手段来打动雌性——从鸟类的饰羽到鱼类的"舞蹈"。

这种"性选择"涉及的一些性状（如鹿角），往往消耗动物资源，或使其引起掠食者的注意，危害到它们的生存机会。但只有最健康、最强壮的雄性能够发育出这些特征。只要它们达到繁殖年龄，雌性就能选择最健康的伴侣，种群的适应性就会整体提升。

有时候，进化的利己主义会残忍地发生。年轻的狮子会武力夺取一群雌狮，驱逐上了年纪的原领主。如果狮群已有后代，它们会被新来者杀死。

失去幼崽促使雌狮快速进入繁殖状况，新雄狮就能在折损对手之际，繁殖自己的幼崽。猎犬、猫鼬、狮子及很多鸟类和灵长类，形成社会性群体，其中每个成员亲缘相近，大部分基因相同。成体共同照料幼崽，通过提供这种帮助，来传递自己的基因。这种行为称为亲缘选择。

↓只有最合适的雄性才能留下后代。袋鼠和很多其他哺乳动物中，雄性为了接近雌性而竞争。这些物种中，雄性常常比雌性大得多，这和它们的战斗能力有关。仪式性的战斗，如拳击，确保损伤很难致命，种群因此不致有损失良好基因的危险。

↓雌性松鸡能对伴侣做出选择。雄性黑松鸡在特殊领地中群体炫耀；在其内部，每个雄性都要保卫自己的一小块地盘。雄性首领占有中心地，参与最激烈的炫耀和争斗。雌性飞到中心选择最合适的雄性。

写给孩子的生命简史 探索生命的来龙去脉

四
地球上的生命史

生命是如何开始的

来自岩石中的生命的最早证据距今 40 亿年之遥。该证据纯粹是化学物质——其踪迹存在于由今天的活细胞形成的化学物质中。最早的化石证据来自澳大利亚岩石中，岩石年代距今有 35 亿年之久。这种化石类似丝状菌，所以似乎越简单的生命形式进化得越早。但生命是如何开始的？

生命的分子成分——氮、碳的氧化物、水蒸气，以及包括硫和磷在内的矿物质——存在于水下火山及陆上和海底的热矿物泉（海底热泉）中。这是一个缺氧的世界，大气中充满了氨气和甲烷。科学家做了这种化学物质早期的混合的实验，发现它们很容易形成有机聚合体，如蛋白质、核酸和碳水化合物，不需要细胞或酶的协助。无论生命出现于海岸、岩石还是天空，或者大洋深处，都是偶然发生的，而且很可能发生了不止一次。

生命基于自我复制分子——遗传物质从一个活细胞传给其子细胞。对很多活的生物体而言，这些关键分子是 DNA。但一些最简单的病毒只带有 RNA，且 DNA 必须复制为 RNA 才能被转录产生蛋白质。在某些实验室条件下，RNA 分子能十分准确地产生自己的副本。现代细胞中，一些 RNA 序列起到类似酶的作用（核糖酶），催化新 RNA 的合成和信使 RNA 的编辑。似乎生命开始于一个 RNA 的世界。RNA 病毒借助酶反转录形成 DNA——以 RNA 为模板。DNA 可通过这种途径从 RNA 产生。一旦 RNA 及相关分子得到一个脂质封套，分子进化就能在一个明确的化学环境中继续。

最早的化石是微生物。微生物主宰了这个星球近 20 亿年之久。甚至在今天，原核生物（没有细胞核的细菌和古细菌细胞）的数量仍有真核生物（细胞中有细胞核）的数十倍之多。分析现有原核生物的核糖体 RNA、DNA 和蛋白质得到的分子证据提供了早期微生物进化的线索。很早就出现了两种主要群组——细菌和古生菌。它们的区别在于核糖体性质、参与 RNA 和蛋白质合成的关键的酶、细胞壁和细胞膜的化学性质，区别之大使它们被分为两个独立的域（真核生物形成第三个域）。和细菌不同，一些古生菌有和 DNA 关联的组蛋白，一些基因中还有内含子（非编码区域），类似真核生物。争论在持续：关于细菌和古生菌哪一个更早出现，或者它们是否都进化自一个共同祖先，或者它们是否形

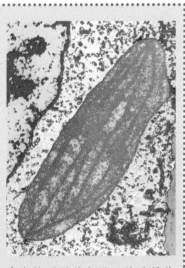

↑电镜下用伪色显示的叶绿体（绿色）。一些早期光合作用细菌进化出覆盖着色素的膜吸收光线。某些物种侵入了非光合作用真核细胞。入侵者带来的氧气能用于宿主的呼吸作用，呼吸作用产生的二氧化碳能在光合作用中被再循环。最终入侵者变成了叶绿体，它们仍有自己的 DNA，和细胞核 DNA 明显区分。

成真核生物，或者是否这三个群组都来自一堆交换基因的原核生物祖先。

大多数原核生物的早期进化是化学性的。原核生物有很多途径交换 DNA，寿命短，进化潜力高。有些进化出了一种原始的光合作用，它们的突变率可能很高，因为没有臭氧层阻隔紫外线辐射。

大约 27 亿年前，一些细菌进化出了能从水中提取氧的酶。这一步永远地改变了地球，使得光合作用能用水作为氢源，释放氧气。蓝绿菌化石是年代达 35 亿年之久的前寒武纪岩石中最丰富的化石。

由于大气中的氧增加了，很多细菌和古生菌面临危机，它们无法处理氧气——如今它们被限制于缺氧或无氧的生境，如动物肠道，以及热泉和深海热泉底部的泥中生存。它们从甲烷或其他有机分子

↑生活在美国黄石国家公园的这些热矿泉中的微生物类似于生命的一些早期形式——细菌和古生菌。这些嗜热古生菌和细菌往往因光合作用色素（叶绿素和类胡萝卜素）而颜色鲜艳。古生菌生活在泉眼热的无氧泥中。

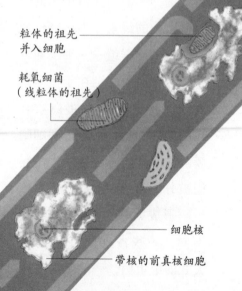

粒体的祖先
并入细胞

耗氧细菌
（线粒体的祖先）

细胞核

带核的前真核细胞

原核细胞的前身

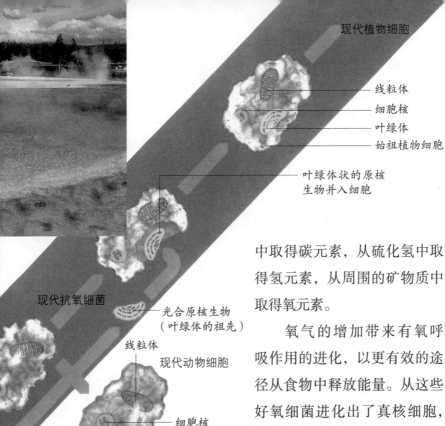

现代植物细胞

线粒体
细胞核
叶绿体
始祖植物细胞

叶绿体状的原核
生物并入细胞

现代抗氧细菌

光合原核生物
（叶绿体的祖先）

线粒体
现代动物细胞

细胞核

↑随着光合作用细菌进化出来，大气中的氧气增加，出现了耗氧的细菌。一些更高级的亲氧细菌，其中的呼吸作用酶高度组织于折叠的膜片层上，随后侵入了原始真核细胞。它们形成了共生关系，最后失去其独立性变成了线粒体。所有现代动物细胞的先祖细胞——具有一个线粒体和细胞核——就此形成。一些光合作用细菌也侵入真核细胞，变成叶绿体，形成了发展为当今植物细胞的先祖细胞。

中取得碳元素，从硫化氢中取得氢元素，从周围的矿物质中取得氧元素。

氧气的增加带来有氧呼吸作用的进化，以更有效的途径从食物中释放能量。从这些好氧细菌进化出了真核细胞，DNA被容纳在包裹着膜的细胞核内的染色体中。高度受控的核分裂周期——有丝分裂和减数分裂——进化出来。细菌中那种DNA的简单转移不再发生，减数分裂及有性生殖导致真核细胞种群中的大变异，涉及从生命周期到习性的广泛范畴。真核生物和特化原核生物之间的共生，导致了线粒体和叶绿体的进化。

2 生命的爆发

大约用了 25 亿年，真核细胞从原始原核细胞进化而来；再用了 7 亿年，多细胞动物出现在化石记录中。多细胞生物如何进化而来尚无定论，但我们能从活的生物体中得到一些线索。一些藻类中，通过减数分裂产生的子细胞没能分离，形成长链状、板状或球形的细胞群体。这些群体中，一些细胞为生殖等特定功能而特化。

海绵表现得像单个多细胞动物，其中，细胞的不同群组有不同的功能。如果海绵被破坏，其组分细胞能相当快地重组为新的海绵，形成腔和分支管。

多细胞的很大优势在于，个体细胞能特化出特定的功能，如消化、运动或繁殖等。多细胞动物需要分割身体不同部位之间的遗传活动：不同的基因在不同的细胞与组织中被开启，通常响应来自身体其他部位细胞的信号。动物或植物越复杂，其遗传活动的调控也越复杂。

由于柔软组织难以形成化石，所以几乎没有早期多细胞生物的记录。多细胞藻类发现于年代距今约 12 亿年前的岩石中，人们还发现了距今 7 亿年的蠕虫状生物的痕迹。在澳大利亚埃迪亚加拉山约 6.1 亿—5.1 亿年前的岩石中，发现了很多软体化石。

现代动物的众多门，大部分都在约 5.4 亿年前的寒武纪化石记录中开始出现。它们包括有壳的动物——壳主要是碳酸钙（白垩）。随着坚硬骨骼的进化，分节的肢部的出现成为可能，并产生新的移动方式；分节的口器的进化，使动物能够用不同的方式捕食。海洋动物的壳由碳酸钙沉积形成，碳酸钙来自海洋中溶解的钙盐和二氧化碳，这需要氧的存在。可能这是第一次在大气中有足够的氧，得以形成壳。由于

新的掠食者开始攻击古老的暗礁，海洋中也有大量的钙。

化石证据表明，这个时期前后有一个进化爆发，称为寒武纪大爆发。然而，分子证据显示，多样化的发生甚至更早，但那时的环境可能不适宜化石形成。有地质证据表明，前寒武纪晚期冰期可能消灭了很多

←黏菌是最早的生命形式之一。它们生命的一部分时期是独立的变形虫状生物，一部分时期是由数百万细胞个体组成的单个可组合生物体。

→黏菌繁殖时，变形虫状个体细胞产生一种化学物质，使其互相吸引。它们连到一起形成一种身体形式，由高茎构成，茎有一个坚固的保护外套，支持着一包孢子。

↓加拿大落基山中的伯吉斯页岩，有着寒武纪早期最好的化石群，这些动物（没有按比例绘画）生活在礁石侧面的浅水泥滩上。

能认出来很多现代群组：海葵；沃克西海绵和张腔海绵等海绵；蠕虫状的齿谜虫，嘴边一圈触手；奥托亚虫，一种穴居蠕虫；埃榭栉蚕；多种节肢动物，包括马雷拉虫、宽尾叶奥代雷虫（包在两片瓣膜状外壳中，并有一个三叉尾）和大型肉食性多须虫；以及皮卡虫，一种小的鱼形脊索动物，可能是最早的已知脊椎动物先祖。足杯虫、普特莱克斯虫、欧巴宾海蝎及怪诞虫的复原包含了很多想象，和现在活着的任何生物都不像。

1. 皮卡虫	6. 多须虫	11. 威瓦克西亚虫
2. 马氏珊瑚	7. 张腔海绵	12. 埃榭栉蚕
3. 齿谜虫	8. 欧巴宾海蝎	13. 怪诞虫
4. 宽尾叶奥代雷虫	9. 沃克西海绵	14. 马雷拉虫
5. 足杯虫	10. 普特莱克斯虫	15. 奥托亚虫

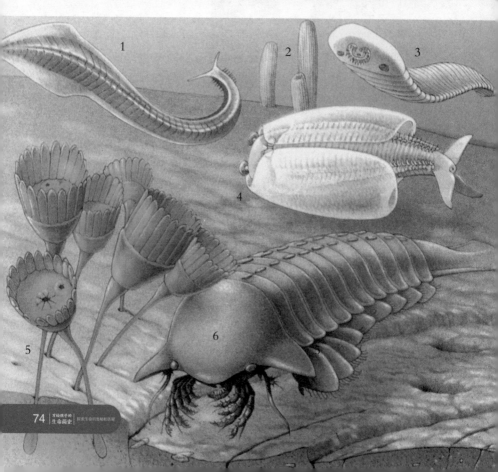

生命形式……环境改善后，随着新生境……个新物种辐射……胞动物的日……较短的地质时……到了寒武纪……物的主要门……代形式无关……出来。寒武……波动的时期……降了好几

次，摧毁了一些生境，又造就了新的生境。很多动物生命新形式的存在，激起了掠食者和被掠食者之间的"军备竞赛"，推进了身体防御和移动能力新形式的进化。遗传进化可能有部分参与。大概在寒武纪晚期，复合调节基因出现，使得身体形式的大尺度变化能够由遗传物质中相对很少的变化产生。

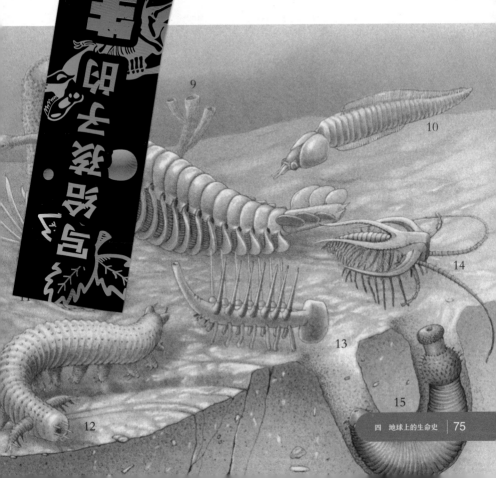

9

10

14

13

15

12

↑葡萄牙战舰水母由水螅状动物（珊瑚虫）个体组成，后者有着特化功能——捕食、消化、繁殖。这些珊瑚虫从未被独立发现——战舰水母要么以一个群体而存在，要么以单个多细胞动物而存在。

共生在多细胞动物形成中也有所作用。大型动物机体能由较小机体的融合或合并产生。例如，构建起暗礁的珊瑚实际上是像海葵一般的软体动物，分泌一种杯状的碳酸钙骨骼。新个体通过出芽产生，但仍通过细胞质连接和母体连在一起。日积月累，就建立了大型群体——大堡礁大得能从月球上看到。暗礁的存在部分得益自珊瑚组织里的微观藻类，它们大大加速了珊瑚石灰质骨架的沉积。光合作用中，藻类释放氧气，氧气被宿主用于呼吸作用；代谢物也互相交换。很多珊瑚和水螅的明亮色彩都来自它们的藻类搭档。

3 生命登陆

直到约 3.6 亿年前，干燥陆地的表面还是荒凉一片，没有植物，没有土壤——只有已经存在了近 200 万年的微生物。红藻、褐藻和绿藻在陆地边缘的浅水中繁荣了千百万年。最早拓殖陆地的可能是藻类、真菌和细菌——生活在泉眼和沼泽周围的湿润泥地上。它们的死亡残余和泥粒混合，形成最初的土壤。失去水的掩蔽，有害辐射是陆地上的一大问题——现在已经形成了一层臭氧层保护。

陆地生活给水生生物造成了大量问题。最早的陆地植物——可能进化自绿藻——发展出一层蜡质覆盖物，即表皮，来阻止水分散失，通过表皮上的小孔和大气进行（取代和水的）气体交换。简单的针线状根固定在泥中，吸收水分和矿物质。进化出管网将水分从根部运输到梢部，并将光合作用产物按相反方向运输，随后被加强，使得维管植物在大小和高度上增加，开始主宰陆地。植物和真菌一起登陆：最早的化石植物的根状结构展示了与真菌之间紧密的营养关系（菌根）。

尽管有如此多的适应性，早期陆地植物仍由于其繁殖方式而限制了分布：即便它们已进化出了能随风飘散的孢子，其精子仍需在水中游动。直到花粉的出现才使它们真正摆脱了水。产花粉的种子植物也能产生含有充分营养储备的种子，使之能待到适宜的条件时发芽。

一开始，植物的生活被限

制在湿润的泥泞区域。紧跟植物之后到来的是陆地动物：蠕虫爬到了泥上，节肢动物来消耗——随后觅食——新形成的土壤，或食用植物或植物残骸。3亿多年前，昆虫来到空中。虫媒传粉的进化，带来开花植物和昆虫双方的迅速扩散和快速多样化。

节肢动物有坚硬的外骨骼支持其水外的生活，而动物的另一种群组——脊椎动物——已进化出一种强大的支撑结构——分节的软骨脊椎，用作肌肉活动的支柱。到了寒武纪晚期，出现了第一批鱼类。最终出现多骨的鱼类新类型。有一类多骨鱼——总鳍鱼，可能和最早的陆地脊椎动物祖先有关。它们的鳍像桨一样使用，但肢部的移动跟两栖类和爬行类动物是同一方式。很多总鳍鱼生活在氧气贫乏的浅水中，进化出一个肺用于呼吸水面上的空气。最早的陆地脊椎动物大部分时间生活在水里，偶尔才到陆地上去。真正的陆地四足形式随后出现。渐渐地，腿"移动"到身体下部，以将身躯抬离地面。

↑活的腔棘鱼是一种总鳍鱼，和4亿年前生活着的总鳍鱼（右页化石）非常相似。它的肉质鳍由骨骼和肌肉支持，它把肉质鳍当桨来用。

两栖动物的湿润皮肤使它们容易干枯。随后进化出的爬行动物，覆盖着骨质鳞，几乎不允许湿气散逸。早期爬行类和两栖类动物都是冷血动物：它们的体温随环境温度的变化

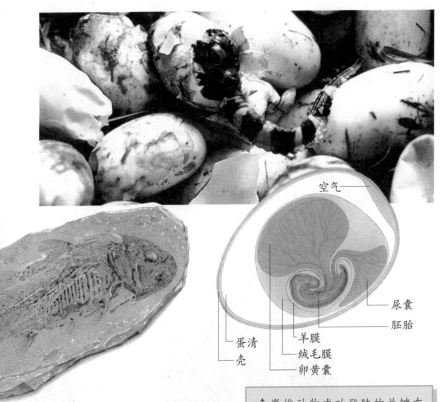

空气

尿囊

胚胎

羊膜

绒毛膜

卵黄囊

蛋清

壳

而变化。因此，当这些动物的代谢由于寒冷而减慢时，它们就有着长期不活跃时期。三种适应群组的动物——哺乳动物的祖先、鸟类和一些恐龙——解决了这个问题，发展出体内温度控制，成为温血动物。哺乳动物和鸟类随后进化出皮毛或羽毛，帮助维持体温。

动物和植物一样，为适应

↑脊椎动物成功登陆的关键在于进化出了羊膜卵。不同于鱼类与两栖动物的卵，这种卵有革质外壳防止其干燥；充满液体的囊，即羊膜，能缓冲发育中的胚胎受到的撞击。另一个囊含有卵黄给胚胎作食物，而第三个囊（尿囊）用于处理废物。一个充满液体的气泡位于卵的一端，允许呼吸作用中氧气的扩散。在这个私有空间内，胚胎得以在孵化前长到合理大小。

陆地而改变了繁殖方式。很多昆虫进化出体内受精，另一些无脊椎动物将精子包在囊中传输。爬行动物、鸟类和哺乳动物也进化出了体内受精。爬行动物和鸟类进化出了带有防水外壳的卵，受精后沉积在卵的周围。一些爬行类动物和大部分哺乳动物进化出幼体在母亲身体内发育的方式。

↓ 已知最早的陆地脊椎动物鱼石螈大部分时间在水下捕鱼。在陆地上，它靠前腿支撑起沉重的身躯。泥炭纪沼泽有着丰富的蕨类和桫椤。没有叶子的松叶蕨是植物活化石中的一例。和两栖动物一样，早期蕨类依赖水来繁殖。

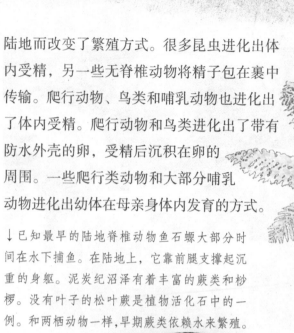

桫椤

蜻蜓

蕨类

松叶蕨

鱼石螈

总鳍鱼

4 成王败寇

大约 6500 万年前的白垩纪末期，统治了地球千百万年的恐龙神秘消失，一并消失的还有其他重于 25 千克的陆地动物、翼龙、大型海洋爬行动物、鸟类、有袋动物、鱼类、鹦鹉螺、珊瑚、软体动物和大约一半的海洋微生物——都整科地灭绝。对这场灭绝的原因有很多争论。

寒武纪时期有过显著的却并不特别快的气候变化，这是由于澳大利亚从南极洲漂移开，使得南大洋冰冷的水到达热带，降低了陆地和海洋的温度。

印度广泛的火山活动必然产生巨大的尘烟，降低光线强度，进一步降低了温度，并导致酸雨。白垩纪晚期大灭绝的成因中，被最广泛接受的是一个很大的小行星的灾难性撞击。在世界的很多地方，该时期薄薄的岩层中富含铱元素，铱元素在地壳中是很少的，但在外太空岩石中很常见。地质证据表明，撞击以低角度发生，这造成了巨大的烟尘遮天蔽日数月之久。寒冷和黑暗降低了光合作用，杀死了植物，影响了食物链。严重的酸雨杀死了接近海洋表面的生物。

主要的大规模灭绝每隔一段地质时期发生一次——更多为局地化的灭绝。大约 2.4 亿年前的二叠纪末期，多达 95% 的物种全部灭绝。因为所有陆地都接合为单个巨大的超大陆，大陆内部可能出现极端温度，海平面下降，将陆地暴露在快速侵蚀之下。煤沉积层暴露在大气中，跟氧气反应生成

→最后的"爬行类统治者"主宰了这片白垩纪晚期的北美大陆。暴龙可能是肉食性，并捕食较小的似鸟龙。中等体型的恐龙，如三角龙是植食性，而冠龙和阿拉莫龙是肉食性。一些现代生命形式已经有了：针叶树、开花灌木和草，以及很多种类的鸟。哺乳动物阿法齿负鼠体型小，且大概是夜行性。

1. 恐鳄，一种巨型鳄鱼
2. 三角龙
3. 雷龙
4. 似鸟龙
5. 冠龙
6. 阿拉莫龙
7. 无齿翼龙，一种会飞
   的爬行类
8. 阿法齿负鼠，一种树
   栖有袋哺乳类

←翼龙是 1.3 亿年来世界上最大的飞行动物，它们的翼展可以达到 12 米之长。尽管它们曾经是天空的主宰，这些长着皮质翼的爬行动物还是在 6600 万年前与恐龙一起灭绝了。

二氧化碳，可能将空气中的氧含量减半，因此很多动物窒息而亡。最大的灭绝可能在今天正在发生，人类将动物猎捕殆尽，摧毁或污染其生境，使它们和被引入的动物竞争，或者毁掉自然屏障（巴拿马运河就是一例），去除了使很多物种得以存活的封锁线。

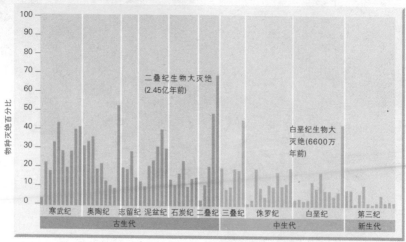

↑这张图表显示了在过去的 5.45 亿年中物种灭绝的速度是怎样变化的。并不是所有的大规模灭绝都是突然发生的，有些可能需要经过几万年甚至几十万年的酝酿。通常，海洋中的物种比陆地上的物种更容易受到影响。

5 人类的进化

人类是灵长类，和人类亲缘关系最近的是猿。这种大型灵长类趋向于生活在复杂社会中，有着适于交流和学习的大型脑。其他人类外形特征，如有一个长妊娠期（怀孕期），少产仔数，以及出生之间的长间隔，都和相对较大的体型有关。社会型灵长动物有一个依赖其母的延长期，性成熟年龄相对较高。

灵长类出现于 6000 万年以前。到了 3500 万年前，猿的树栖祖先在热带地区进化出现。第一个类人猿（人形灵长类）出现于 2300 万到 2000 万年前气候凉爽并越来越干燥，森林变成草地的时候。环境的改变有可能促进了新形式的进化。

人类和黑猩猩、大猩猩、猩猩的关系有争议。来自对比身体特征和解剖学结构的证据表明，大猩猩比黑猩猩更接近人类。然而，DNA 证据给出了略有不同的结论。对比人类和猿的 DNA 序列表明，人类和黑猩猩共享 98.4% 的 DNA，和大猩猩共享 97.7% 的 DNA：人类和大猩猩之间的遗传距离大于人类和黑猩猩之间的。

显示了明显的类似人的特征的最早灵长类化石——南方古猿——发现于非洲，距今约 500 万年。它们可能是树栖，但之后地栖南方古猿越来越发展出直立形态在不断扩张的草地上的优势。已发现的最完整骨骼是"露西"，发现于埃塞俄比亚的阿瓦什地区，距今 324 万年。露西是女性，有着突出的腭，牙齿是人类和猿的中间类型。她的臀部和肢骨意味着她是直立行走的。这是第一块显示该特征的原始人类化石。

到了250万年前，一些早期原始人变得足够像人。他们有较短的腭和更像人类的牙齿。他们的脑更大，大约700立方厘米（和人类的1300立方厘米对照）。"能人"的遗迹还伴有原始的石头工具。颅骨上的凹槽意味着现代人类的脑

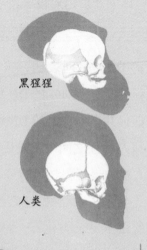

黑猩猩

人类

←成年人类的头型、几乎无毛的柔软肌肤、短腭、小牙、薄颅骨和相对较大的脑，都和黑猩猩幼儿基本一样。人类头骨缝的愈合比黑猩猩晚一些，这使大脑生长的时期更长。

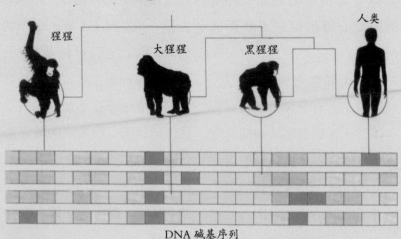

猩猩　　大猩猩　　黑猩猩　　人类

DNA 碱基序列

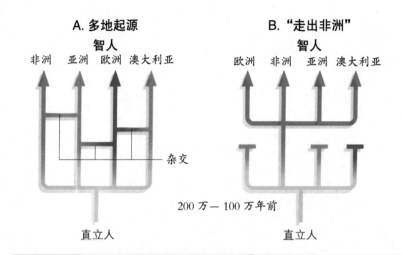

A. 多地起源
智人
非洲　亚洲　欧洲　澳大利亚

杂交

直立人

B. "走出非洲"
智人
欧洲　非洲　亚洲　澳大利亚

200 万 — 100 万年前

直立人

↑大部分科学家认同智人进化自 200 万年前非洲的直立人的观点。根据多地区起源论，直立人分为留在非洲的 4 个进化分枝，遗传产生今天的人类世系。但"走出非洲"理论认为直立人只有一支存活，并进化为智人。

束和语言形成有关。

大约 180 万年前，另一种原始人类——直立人离开非洲进入欧洲和亚洲（所谓的"北京人"和"爪哇人"）。直立人有约 1100 立方厘米的大脑、突出的眉脊、突出的鼻子和很小的下巴，他们制造手斧，可能也使用木制工具。在大部分地方，直立人发展为现代人。真正现代智人的最早证据来自非

洲和中东，距今约 10 万—5 万年。到了约 3 万年前，智人扩散（也可能独立发展）到中国和澳大利亚。在此期间，他们所使用工具的种类增多了，还产生了丧葬仪式。语言缓慢地发展出来。到此，人类创造了绘画、雕刻、泥塑、骨骼和象牙装饰，还有原始笛子。

人类如何扩散到世界各地是一大争议源。有两种主要

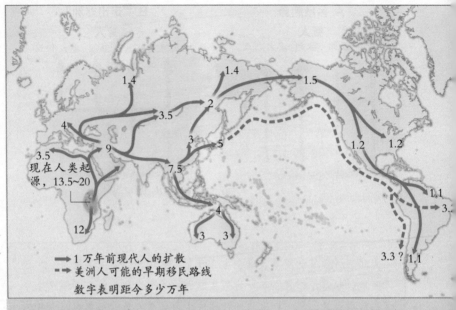

图中标注：
1.4
1.4
1.5
1.2
1.2
3.5
2
4
3
5
1.1
3.5
9
现在人类起源，13.5~20
7.5
3.
12
4
3.3 ？
1.1
3
3

➡ 1 万年前现代人的扩散
┅➤ 美洲人可能的早期移民路线
数字表明距今多少万年

↑地图显示的是人类如何从其最初进化所在地——非洲扩散到世界的其他地方的。不是所有的专家都同意这些确切的路线和时间。

理论："走出非洲"假说，称所有智人都是非洲直立人的后代；多地区起源假说，指出现代人由世界各地的直立人后代多次进化而来。

虽然欧洲化石支持"走出非洲"理论，一些亚洲化石则显得位于智人和直立人之间，这能支持多地区起源理论，或者智人可能曾和直立人共存，并互相杂交。

最近的 3 万年中，人类的进化主要是文化方面的，包含文明、艺术表达，以及科学技术的发展。人类不再受自然选择玩弄，能改造环境并创造新生态位。科学技术使人类得以主导自然世界，但并非总是以加强物种生存的方式。

6 遗传分子

DNA 和 RNA 是揭示地球生命历史的钥匙。从一个共同祖先分支的时间越近的两个物种，DNA 和氨基酸序列越相似。不同生物之间，氨基酸序列中的差异数反映着它们之间的亲缘关系。某些序列的变化速率，取决于随机突变，可作为"分子钟"，以测定由共同祖先进化而来的不同生物群组的时间。

DNA 碱基序列的详情已经确认了人类和猿的亲缘关系，但人类基因组正确回溯到人类最早的祖先，甚至回溯到了微生物世界。人类 31000 个基因中，大约有 200 个和各种细菌的基因相似。人类也和其他脊椎动物共有这些基因，意味着它们都来自同一个共同祖先。这些基因中的一部分极其重要：它们参与神经递质的代谢——神经递质是一种将信号从神经传送到细胞的化学物质。被称为小卫星的 DNA 序列，由短的碱基序列重复多次构成，遍布于基因组中。

也有和真实基因很相似的假基因——非功能性 DNA 序列。它们可能来自于基因的随机突变。例如，约有 1000 个基因参与嗅觉，但只有大约 40% 的有活性，其余的现在都是假基因。对大多数哺乳动物而言，嗅觉是极重要的感觉——尤其是为了交流。而依仗敏锐的视觉和强大的语言能力，人类对嗅觉的依赖较少。一些评估声称：人体有多于 100 万个假基因。

令人惊异的是，只有 1.3% 的人类基因组由基因的编码部分（外显子）构成，而有 24% 的比例是内含子——基因的非编码部分，其往往在基因翻译为蛋白质之前被除去。高达45%的基因组由非编码DNA的重复序列组成。其中一些是突变的结果，另一些来自转座子——一种DNA序列，能够将自身的多副本插入相同或不同的染色体上的其他部位中。转座子如同寄生虫——增加了细胞每次分裂时要复制的DNA数量。但通过改组DNA，它们带来了遗传变异，并且一些由它们引起的突变可能导致新基因的创造。

人类和其他哺乳动物有大量的重复DNA，一些编码非蛋白分子，但大多数不编码。重复可能对新基因的进化很重要。哺乳动物包含具有很多相似或相同基因的科。例如，一些编码核糖体RNA的基因可能在基因组中被重复数千次，使大量核糖体得以随时产生。其他一些，如球蛋白——血红蛋白的亚单元，在血液中携氧——编码不同版本的蛋白质，在人类发育的各阶段有着不同的作用。基因家族的分子进化揭露了动物之间的亲缘关系，因此，它为关于如今巨大的动物多样性是如何从早期已灭绝物种进化而来的理论提供新的支持。这种研究能回溯到千百万年前，探究地球上最早的生命形式。

↓这些有巨大差别的生物可能是同胞兄弟吗？最近的分子研究揭示，美洲鳄及鳄鱼跟鸟的亲缘关系比跟蜥蜴和龟等其他爬行动物的亲缘关系要近得多。图中是南美的红头热带巨嘴鸟及它的邻居美洲鳄。

五
奇妙的人体

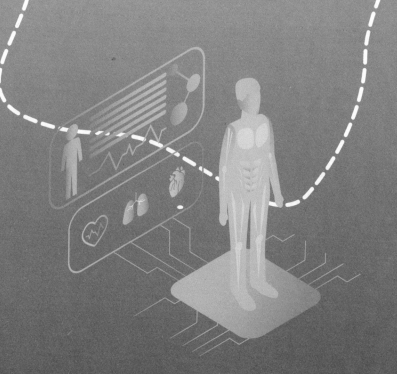

身体的支架

骨头提供支撑全身的框架，并使身体各部分结合在一起。所有骨头合在一起就称为骨骼，骨骼不仅保护器官如脑等，还为肌肉提供定位点。

成人有 206 块被橡胶状的软骨结合在一起的骨头。婴儿有 300 块或更多的骨头，但随着婴儿长大，其中一些骨头会结合在一起。

大多数妇女和女孩的骨骼要比男人和男孩的更小更轻。妇女的髋骨要比男人的大，这是因为开口要大到能生出小孩。

单以重量计，相同重量的骨头要比钢强度大 5 倍，但骨头非常轻，只占体重的 14%。

骨髓是某些骨中间柔软的胶质组织，包含能够产生新血细胞的特殊细胞——可每天产生 500 万个。

身体关节是指骨头相接的地方。有多种不同的关节。例如，滑关节可以移动，骨缝关节则不能。

知识档案

上臂骨被称为肱骨。

最小的骨头是耳朵中的三块小骨。

最长的骨头是大腿骨，占身体总高度的 1/4。

最宽的骨头是髋骨。

→骨头中一缕缕坚韧、略具弹性的物质骨胶原同样含有坚硬的物质，如钙和磷酸盐。骨胶原和矿物质一起使骨头坚硬严密而又能在压力之下轻微弯曲。骨头中有供应营养的血管和感受压力和疼痛的神经。大部分骨头坚韧的外层内是柔软胶质的核心骨髓，呈红色或黄色。

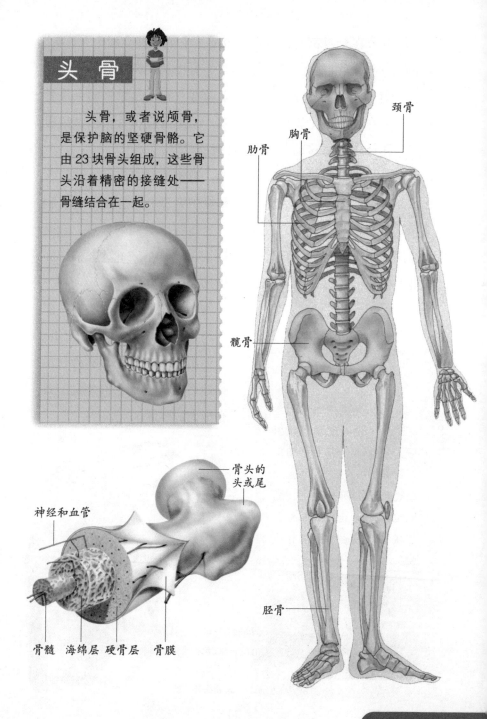

头骨

头骨，或者说颅骨，是保护脑的坚硬骨骼。它由 23 块骨头组成，这些骨头沿着精密的接缝处——骨缝结合在一起。

骨头的头或尾

神经和血管

骨髓　海绵层　硬骨层　骨膜

颈骨

胸骨

肋骨

髋骨

胫骨

滑关节在全身都有，特别是在肩、肘、髋和膝处。这些关节允许何种移动，取决于它们的结构。肘关节和膝关节是铰链关节，只允许来回移动。肩关节和髋关节是杵臼关节，具有更大的灵活性，如能够扭曲等。

软骨坚韧又有弹性，在关节处用于缓冲对骨头的撞击。未出生婴儿的骨骼基本由软骨构成，它们最终会硬化为骨头。

脊椎从头颅底部一直延伸至髋部。它不是单一的一块骨头，而是由鼓状骨头椎骨组成的柱状结构。

脊椎支撑着人体，并包含和保护脊髓——脊髓传达着脑与身体各部分间的信息。脊髓长 45 厘米，有 31 对末梢神经从其分叉出去。

腱联结肌肉与骨头，或肌肉与肌肉。它们由软骨组成。韧带由强韧的软骨和有弹性的弹性蛋白组成，它们使关节具有很大的强度。

X 射线

1895 年，德国物理学家威廉·伦琴发现了 X 射线，并探明了它们是如何穿透肉但不穿过骨头的。X 射线是不可见的能量波（即电磁波）。利用 X 射线，医生不需要手术就能检查骨头。

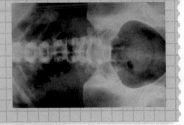

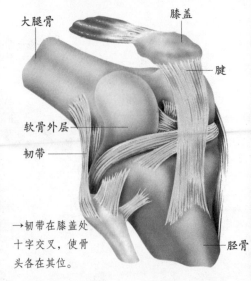

大腿骨

膝盖

腱

软骨外层

韧带

胫骨

→韧带在膝盖处十字交叉，使骨头各在其位。

2 肌肉让我们动起来

每次运动、每次呼吸、每次咀嚼——所有这些，以及更多的活动都由身体的肌肉完成。全身的肌肉共同合作，每天完成上万种不同的活动。

肌肉是特殊的纤维，通过收缩（变短）和放松（变长）来移动身体各部位。随意肌是指那些受思考控制的肌肉，如移动手臂。不随意肌是指那些自动工作的肌肉，如肠中运送食物的肌肉。

人体内约有 640 块随意肌，占人体总重量的 40%。男性一般比女性拥有更多的肌肉。

大多数肌肉两端都牢牢固定并附着在关节一边的骨头上，它们或直接附着或通过肌腱附着。

大多数肌肉都是成对的，因为虽然肌肉能够自行变短，但它们无法迫使自己变长，所以弯曲关节的屈肌要和伸肌配对才能重新伸直。

大脑控制着肌肉——大脑将神经信号传递到肌肉，告诉

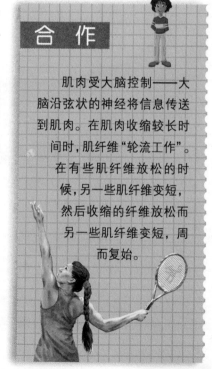

合 作

肌肉受大脑控制——大脑沿弦状的神经将信息传送到肌肉。在肌肉收缩较长时间时，肌纤维"轮流工作"。在有些肌纤维放松的时候，另一些肌纤维变短，然后收缩的纤维放松而另一些肌纤维变短，周而复始。

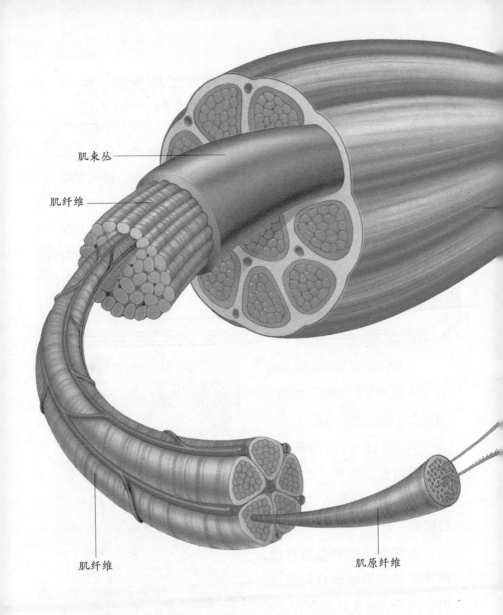

肌束丛

肌纤维

肌纤维

肌原纤维

它何时收缩、收缩多少及收缩多长时间。人们在幼年时就学会了走路等多种运动，它们很快就变得自动，这表示我们不必思考就能完成它们。

肌肉使用大量的能量，它们需要食物和氧气以进行运作。当血液无法快速地传送这

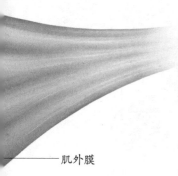

←肌肉是一捆捆的肌纤维，肌纤维每根的厚度与头发大致相同。每根肌纤维由更细的肌原纤维构成，肌原纤维包含无数缕的肌动蛋白和肌球蛋白。这些蛋白质滑过彼此，使肌肉收缩。

肌外膜

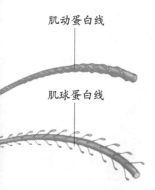

肌动蛋白线

肌球蛋白线

些必需的供给时，肌肉就会变得疲劳。在锻炼的时候，呼吸加重变快，以为肌肉提供更多的氧气。

人体内最小的肌肉是镫骨肌，附着在能使人听见声音的耳内小骨上。

身体无法产生新的肌肉，但有些肌肉可以生长。锻炼能使肌肉变得更大、更有效率。

心肌是骨骼肌和平滑肌独一无二的结合。它有内置的收缩节律，每分钟收缩70次。

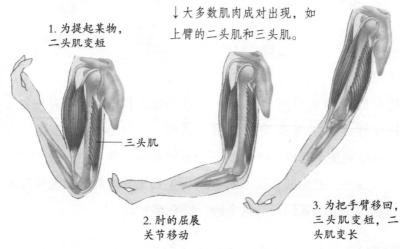

1. 为提起某物，二头肌变短

↓大多数肌肉成对出现，如上臂的二头肌和三头肌。

三头肌

2. 肘的屈展关节移动

3. 为把手臂移回，三头肌变短，二头肌变长

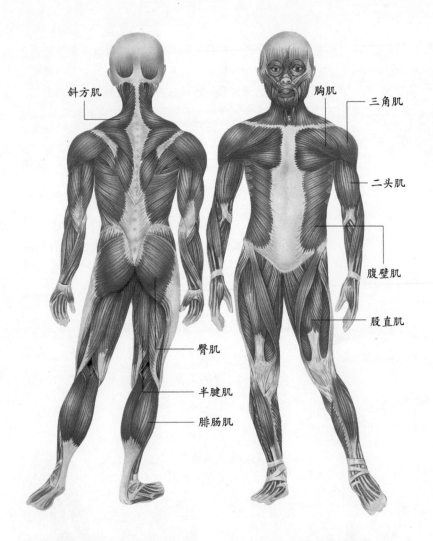

斜方肌

胸肌

三角肌

二头肌

腹壁肌

股直肌

臀肌

半腱肌

腓肠肌

特殊的肌细胞像神经细胞一样工作，将肌内收缩波的信号传递到整个心脏。

试一下把你的拳头不断地握紧，你会感觉到参与这个运动的胳膊和手上的肌肉一会儿就酸了。但是心肌的细胞可以不间断地工作一生，因为它们天生就比其他的肌细胞具有更多的能量。

3 我们是如何呼吸的

人体是持续活动的，即使是看似在休息时。有一个活动从不会停止，不管日夜，那就是呼吸。呼吸与两种气体（氧气和二氧化碳）进出人体有关。

人之所以呼吸，是因为人体内的每个细胞都需要氧气的连续供应来燃烧葡萄糖——细胞从血液获得的高能量物质。细胞燃烧葡萄糖时，会产生废弃气体二氧化碳。

科学家们把呼吸称为"呼吸过程"。细胞的呼吸过程是指细胞消耗氧气燃烧葡萄糖的过程。

当人吸气时，空气冲入人的鼻子和嘴巴，并向下到达气管，然后进入肺中无数分叉的微小气管。

肺中最大的两个气管是支气管，它们分支成更小的细支气管。在每根细支气管的末端，是一堆堆的小囊——肺泡。

大量的氧气穿过气泡的细胞壁渗入血液。二氧化碳从血液进入气泡，然后被呼出。

空气道的表面受到一层黏液膜的保护。当人感冒时，这

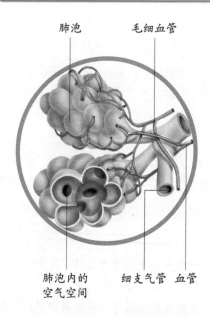

肺泡　　　毛细血管

肺泡内的空气空间　　细支气管　血管

↑泡泡状的肺泡成堆出现在最窄的气管末端，它们占肺空间的1/3。

呼吸肌

　　呼吸使用纸状的胸下横膈膜和条状的肋间肌。横膈膜改变形状，从圆顶状变平，拉动肺的底部。肋间肌使肋骨向上、向外拉动肺。这些活动都使肺延展吸进空气。呼出时两块肌肉都放松，被延展的肺弹回，比原来更小，吹出空气。

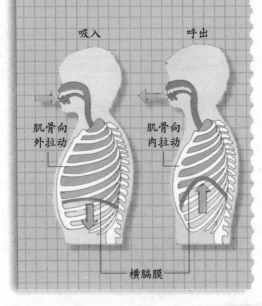

吸入　　　　　　呼出

肌骨向　　　　　肌骨向
外拉动　　　　　内拉动

横膈膜

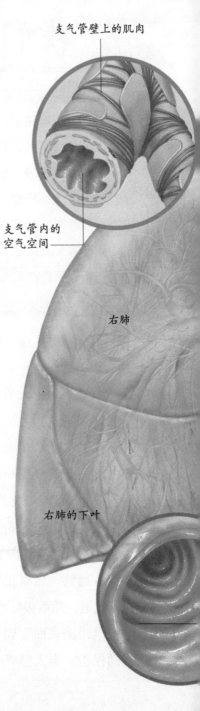

支气管壁上的肌肉

支气管内的
空气空间

右肺

右肺的下叶

→空气沿着气管进出肺，气管在底部分叉为支气管，每个支气管连着一个肺。心脏占据着肺之间勺子一样的空间。向内呼吸称为吸进，向外呼吸称为呼出。不管呼出多少，约有 0.5 升的气体留在人体的肺中。

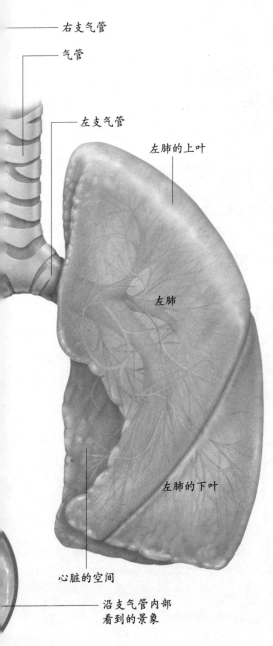

右支气管

气管

左支气管

左肺的上叶

左肺

左肺的下叶

心脏的空间

沿支气管内部
看到的景象

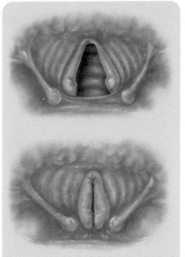

↑喉咙处存在两根声带，每
根声带都从侧边伸出，形成
有弹性的薄片。声带间有三
角形状的间隙，用于正常的
呼吸（上图）。声带一起运动
产生声音（下图）。

层膜会变厚，以保护肺。

　　人每次呼吸时会有0.5
升空气进出肺，更深的呼吸
会使吸入的空气量增加5倍。

　　哈欠是非常深的呼吸，
会带入更多的氧气。它是为
身体做出准备以进行活动，
而不是显示一个人很厌烦。

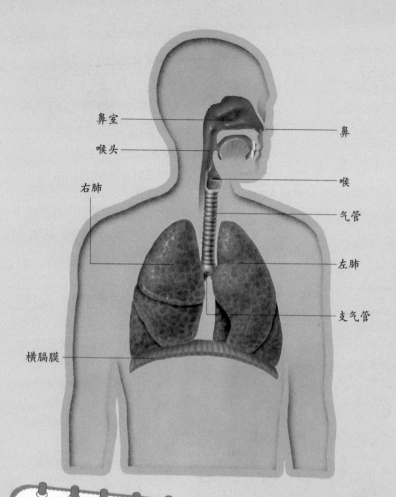

鼻室

喉头

右肺

横膈膜

鼻

喉

气管

左肺

支气管

↗呼吸系统包括用于吸进空气中氧气的身体特殊部位。有些部位还有其他用途，如鼻子还用于闻味道，喉咙还用于说话。

吸进，呼出

如果一个人能活到 80 岁，他将进行 6 亿多次呼吸。

4 食物是怎样被消化的

人体需要食物和水。食物提供人体生长和修复自我所需的物质，同时为生命本身提供能量。身体需要水分完成所有的生命过程，并必须不断地进行更换。

消化是指身体把所吃的食物分解成可以吸收和利用的物质的过程。

人的消化系统基本上是一条又长又弯曲的管道，称为食道或消化道。

吃东西的时候，人咀嚼食物以把它分解为小块。食物被唾液包围——唾液可以软化食物。

吞咽下的食物沿食管向下进入有更多消化液的胃中，在胃里食物被分解成糊状物质食糜，食糜又从胃进入小肠。

食糜在小肠内被进一步分解，精华部分被吸收并穿过肠壁进入血管——血管将其输送到全身。废弃物进入大肠。

废弃物和无法消化的食物被推出大肠，并通过肛门到达

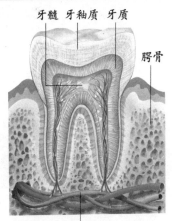

牙髓 牙釉质 牙质

腭骨

神经和血管

↑成人的牙齿包括前面用于咬的门牙、用于撕啃的更长的犬牙、宽的前白齿，加上用于挤压和咀嚼的更宽的白齿。在每颗牙齿的中部，是血管和神经组成的柔软的牙髓。包围牙髓的是坚硬的牙质。牙齿的最上部分是齿冠，齿冠外面是更加坚硬的牙釉质。牙根把牙齿固定在腭骨上。

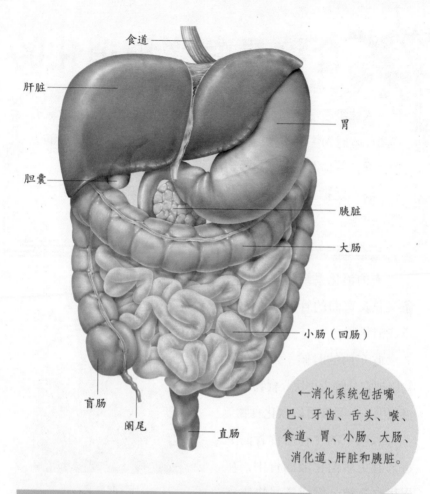

食道

肝脏

胆囊

胃

胰脏

大肠

小肠（回肠）

盲肠

阑尾

直肠

←消化系统包括嘴巴、牙齿、舌头、喉、食道、胃、小肠、大肠、消化道、肝脏和胰脏。

消化时间

0 小时	食物被咀嚼吞下
1 小时	食物在胃中与酸和胃液搅拌在一起
2 小时	部分消化的食物开始流入小肠，以被进一步消化吸收
4 小时	大部分食物离开胃进入小肠
6 小时	剩余和未消化的食物进入大肠，大肠吸收水分使之返回体内
10 小时	剩余物开始在系统的最后部分——直肠，积累为粪便
16~24 小时	粪便穿过系统的最后部分——肛门，到达体外

生命之水

人的身体主要由水组成——超过60%。没有食物，人可以存活几个星期；但没有水，人只能活几天。

体外。这被称为排泄。

来自食物的营养被带到肝脏中以转化成葡萄糖——人体

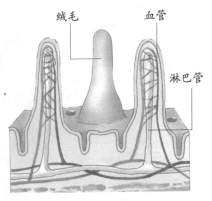

绒毛　　　　血管

淋巴管

↑半消化的食物从胃进入6米长且紧紧盘绕在一起的小肠。在小肠里，酶发挥作用，分解食物直至食物被吸收。肠内布满指头状的凸起——绒毛，以增加表面积。

激　素

消化过程和其他人体活动过程一样受到激素的控制。激素是天然化学物质，可保持人体内环境的平衡。激素由特别的区域——腺体——产生，并通过血液传送到全身。女性和男性身体中产生激素的腺体大致相同，除了生殖器官——女性的是卵巢，男性的是睾丸。

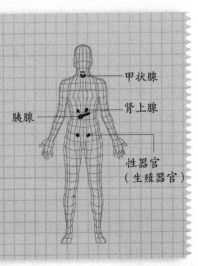

甲状腺

肾上腺

胰腺

性器官
（生殖器官）

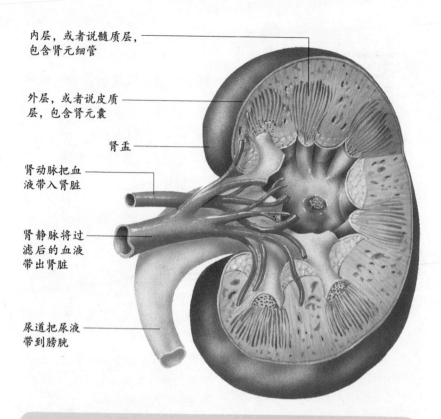

内层，或者说髓质层，包含肾元细管

外层，或者说皮质层，包含肾元囊

肾盂

肾动脉把血液带入肾脏

肾静脉将过滤后的血液带出肾脏

尿道把尿液带到膀胱

↑肾、输尿管、膀胱和尿道组成了泌尿系统。肾有两层——皮质和髓质。积蓄尿的部分就是肾盂。血液进入两个肾中，由100多万个肾元（过滤单位）进行过滤。人体内有两个肾，在腰背部的两边。

细胞主要的能量供应物质。肝脏有助于保持血液中葡萄糖含量的稳定。

想让身体正常发挥作用就需要平衡地摄入各种食物，碳水化合物、蛋白质、脂肪、纤维、维生素和矿物质都是人体健康所必需的。

肾是人体的过滤器。它们一方面吸收血液中的精华和水分并将其输送回人体，另一方面移除过多的水分和废弃物。过多的水分和废弃物被输送到膀胱，储存为尿。

5 人体"司令部"

神经系统是指人体的控制和通信系统，由神经和大脑组成。人的神经系统控制了人所见、所感、所做的一切事情，是人体的"司令部"。

神经是人体内的"热线"，将大脑的即时信息传达给每个器官和肌肉，并把关于人体内外正在进行的事情以无穷无尽的信息流的形式返回大脑。

神经由特殊化的细胞神经元组成。神经元呈蜘蛛状，有大量的分叉——树突和弯曲的末梢轴突。轴突可长达 1 米。

神经元像线上的珠子一样连接起来，形成神经系统。神经信号是快速传递神经元的电冲动——每秒 1—2 米。

感觉神经把关于人体对世界体验的信息传递给大脑。眼睛、耳朵、舌头和鼻子都有感觉神经。皮肤上覆盖着感觉神经末梢——感受器。

关于光、味道、热量、气

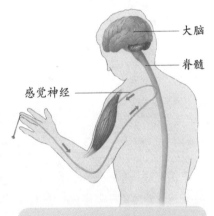

大脑

脊髓

感觉神经

↑如碰到尖利的大头钉，会有信息沿感觉神经达到脊髓，运动神经使人的手立刻移开。这种即时反应被称为反射活动。信息继续传递到大脑，大脑在手移开之后感到疼痛，由此人体也感觉到了疼痛。

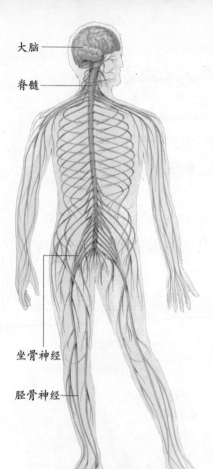

大脑

脊髓

坐骨神经

胫骨神经

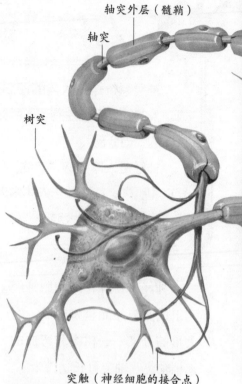

轴突外层（髓鞘）

轴突

树突

突触（神经细胞的接合点）

↑在大脑和脊髓分叉出来的神经达到身体的每个部位。所有的神经信号都是相似的，但有两种主要的类型——取决于它们要达到何处。感觉神经信号是从感觉器官（眼睛、耳朵、鼻子、舌头和皮肤）传达到大脑的神经信号，运动神经信号是从大脑向外传达到肌肉使身体运动起来的神经信号。

神经细胞

人体内有几千亿个神经细胞，单大脑就含有 1000 亿个神经细胞。

神经细胞体

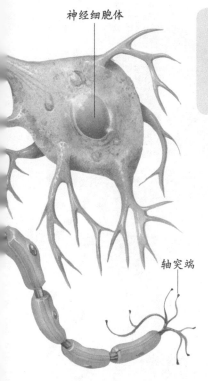

←大脑和神经由无数特殊的细胞——神经细胞或者说神经元构成。每个神经元都由许多微小的分支（树突）收集信息，更长更厚的分支轴突或纤维传递这些信息。

轴突端

MRI 扫描仪

　　大脑和神经组织在 X 光下并不能很好地显示出来，所以医生使用特殊的扫描仪器来检查这些区域。在医院中，MRI（核磁共振成像）扫描仪被广泛地用于检查大脑是否存在损伤。

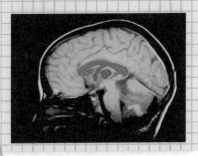

大脑半球的皮层

胼胝体（连接两个半脑）

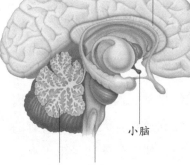

小脑

下丘脑　脑干

←人脑的 9/10 是两个大脑半球的圆顶，大脑皮层就是思想产生的区域。

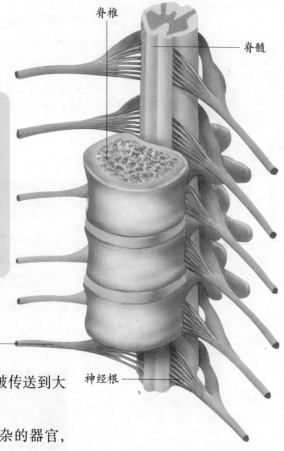

脊椎

脊髓

→通过脊髓，大脑连接身体。脊髓从底端向下延伸至脊椎中。有 31 对神经从脊椎的两边延伸入身体。脊髓被保护在管道内——该管道通过脊椎中的一排洞形成。

脊神经

神经根

味和声音的信息都被传送到大脑中，以进行处理。

大脑是非常复杂的器官，人们对它到底如何作用知之甚少。全身的神经将信息传送到大脑，信息在大脑中被储存为记忆或被执行。

大脑被分成多个不同的区域，每个区域完成不同的任务。它们相互连接，一起作用。

下丘脑和脑干参与自动加工过程，如呼吸与消化过程。大脑皮层参与思考、决策和学习。

大脑通过运动神经向外输送信息到肌肉。神经指示肌肉收缩和放松。大脑协调所有的肌肉，使它们能够做出平滑顺畅的动作。

6 严密的"防卫体系"

皮肤屏障上的任何导致血管撕裂的破坏都需要身体防御系统的直接注意，采取的第一步措施是防止渗漏。当血液流经伤口时，血液中的血小板就会在伤口处聚集成团，形成可以堵住部分血流的栓塞。破损的组织和凝成块的血小板引起血浆中的蛋白质转变为一团纤维蛋白，可阻挡血细胞并形成凝块。随着凝块越拉越紧，伤口的边缘被拉在一起，之后修复细胞介入将伤口填补好。当它工作完成后，凝块会被清除；如果它在皮肤表面，会变干形成一个痂，最终会掉落。

当血液凝固时，特殊的白细胞——嗜中性粒细胞和单核细胞四处寻找并消灭在混乱中渗透过防御屏障的细菌。这些细胞相当于机体免疫系统中的地面部队，它们不断地在血液中巡逻，等待着这样的偶遇。当机体内的细胞如肥大细胞释放的化学物质引起若干局部变化时，这些细胞又被召唤到损伤处。小动脉扩张以增加血流量并带给破损处更多供给。毛

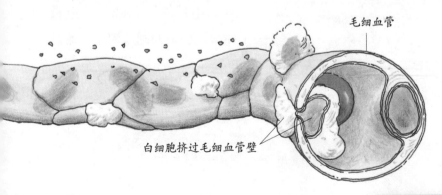

毛细血管

白细胞挤过毛细血管壁

细血管变得十分容易渗透，允许带着氧气和食物的液体渗入破损区域。

被化学警报吸引后，这一区域的白细胞首先黏附在毛细血管的内壁上，长度足以挤过毛细管壁中的空隙。深入敌后时，它们开展搜索歼敌战术。单核细胞转变为更大和更饥饿的巨噬细胞。这整个过程叫炎症反应，它会引起刮伤部分的红、热、肿、痛。虽然感觉不舒服，发炎对于破坏病原体和修复组织是很有必要的。

血液在毛细血管中流动，将氧气和必要的营养物质传送给组织细胞并带走它们产生的废物。在这个过程中每天都会有24升液体离开血液。这些液体最终会返回到血液里，而且

毛细淋巴管

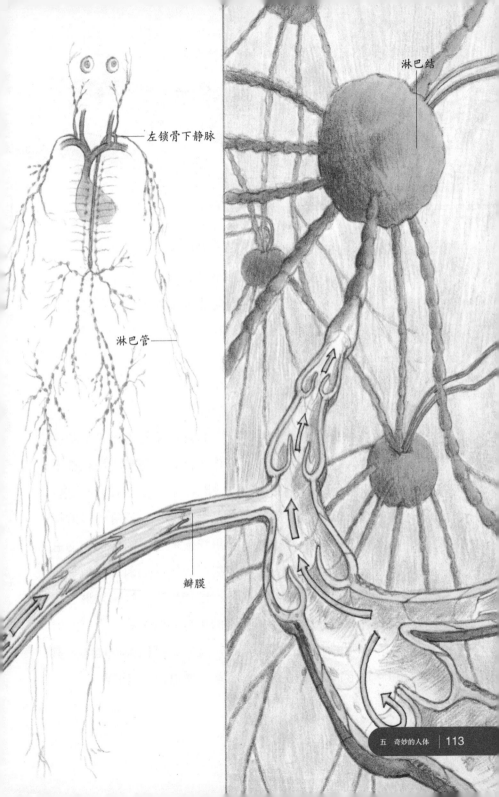

左锁骨下静脉

淋巴管

瓣膜

淋巴结

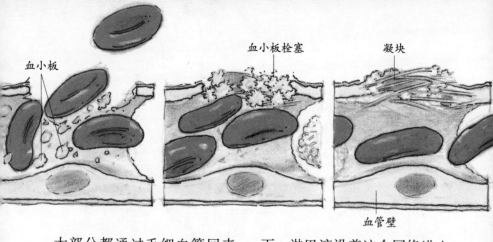

血小板　　血小板栓塞　　凝块

血管壁

大部分都通过毛细血管回来，但是有3—4升会从途中排除。排除多余的液体，将它带回血液以恢复正常的血量和浓度，这些重要的工作都由机体知名度较低的第二传输网络——淋巴系统完成。

这个网络中最细的分支叫作毛细淋巴管，它们交织在毛细血管和组织细胞之间。离心脏最远的毛细淋巴管末端是封闭的，淋巴管壁上的小垂悬物只能单向打开，保证组织液流进而不是流出。被阻留到内部之后，这些过剩的液体成为淋巴液，这是一种由血浆蛋白质、白细胞和碎片形成的液态混合物。在周围骨骼肌的挤压作用

下，淋巴液沿着这个网络进入越来越宽的淋巴管中。瓣膜可以防止液体回流。这些淋巴管聚在一起形成淋巴干，淋巴干把淋巴液送入两个淋巴管中的一个，再分别汇入左、右锁骨下静脉。

排除并不是淋巴系统唯一的作用，它的防御作用也很重要。沿着淋巴管有许多小疙瘩，这是淋巴结，它们可以过滤掉从组织流向血液的淋巴中的逃离组织破坏的细菌或其他危险物，还产生出一种叫作淋巴细胞的免疫系统细胞。当有病原体出现时，淋巴细胞能够采取行动，增殖并发起进攻。

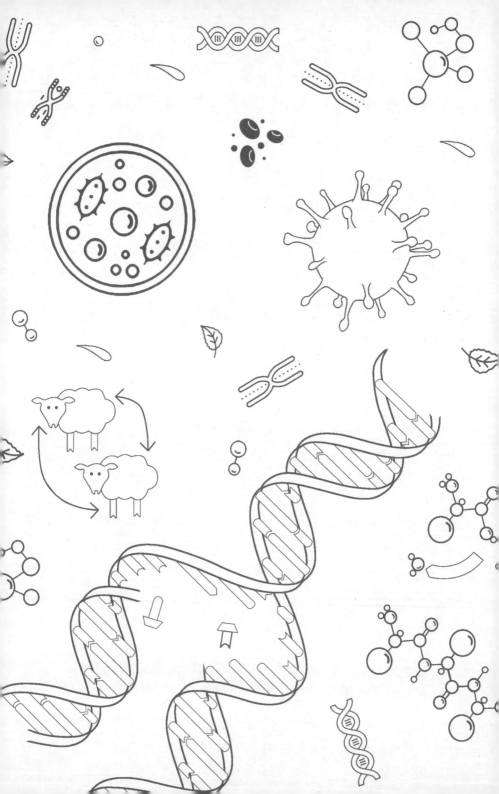

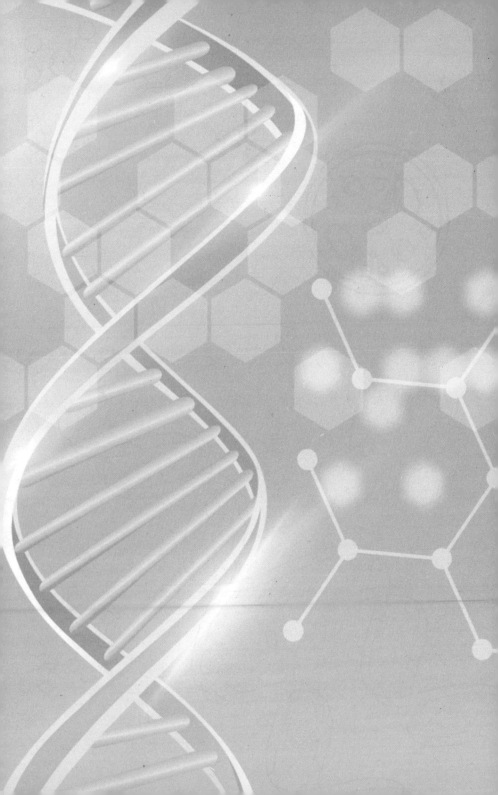